Tous les secrets de votre cerveau

Tous les secrets de votre cerveau

Alain Lieury

DUNOD

Ce livre complète et actualise l'ouvrage « 150 petites expériences de psychologie pour mieux comprendre votre cerveau» (1ère édition Dunod, 2007 ; 2ème édition, Dunod, 2009, parue sous le titre «Psychologe et cerveau»).

Illustration de couverture : Laurent Audouin

ISBN 978-2-10-057694-4

Table des matières

Avant-propos

Pour le grand public, y compris le public cultivé et de nombreux journalistes, la psychologie se confond souvent avec la psychanalyse ou avec la psychiatrie. Les « psys » sont essentiellement vus comme des gens qui soignent. C'est une erreur de perspective car la psychologie scientifique contemporaine est très diversifiée... Ainsi, le recensement des publications en psychologie ou sciences connexes, au plan international, dans le plus grand répertoire informatisé (« Psyclit »), montre que le nombre de titres en psychologie, revues scientifiques et livres confondus, est d'environ 100 000 par an. La psychanalyse, trop souvent confondue avec la psychologie (essentiellement en France), ne représente que... 1,7 % de l'ensemble des publications !

Répartition numérique des publications dans les grands secteurs de la psychologie en 2005 sur 103 223 titres (Lieury et Quaireau, 2006 : source PsycInfo)

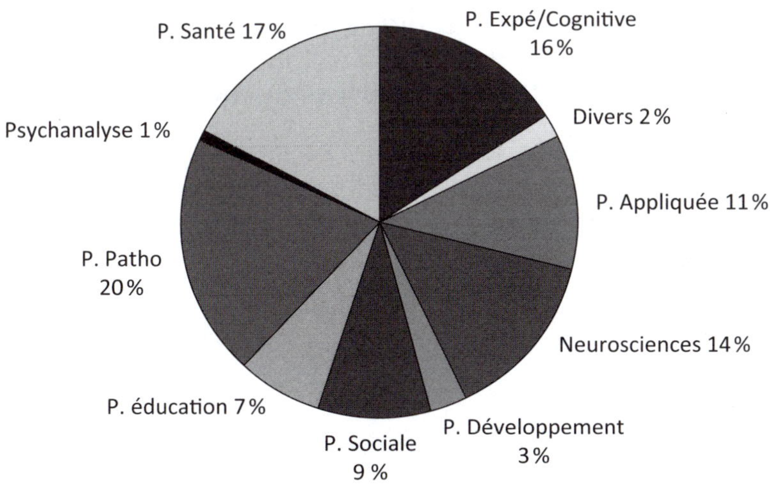

Parmi environ 150 catégories, deux secteurs se taillent la part du lion, puisqu'ils totalisent plus de 20 % des publications ; ils concernent d'une part la psychopathologie, au sens large du terme, incluant les déficits physiques (cécité, traumatismes crâniens), les troubles psychiatriques, la criminologie, etc., et la psychologie de la santé et de la prévention (stress, alcoolisme, addictions...).

Les autres grands domaines sont la psychologie cognitive, principal objet de ce livre et s'intéressant aux mécanismes normaux de notre fonctionnement mental, de la mémoire à l'intelligence. Les autres secteurs importants sont les neurosciences (incluant la psychopharmacologie), la psychologie sociale, la psychologie du développement ou de l'enfant et la psychologie de l'éducation...

Enfin il existe de très nombreuses recherches dans le vaste domaine de la psychologie appliquée, la psychologie de la consommation[1], la psychologie industrielle et des organisations. Au titre des curiosités et de la diversité de la psychologie (regroupées dans «divers» sur le schéma), on peut trouver la psychologie des arts et des humanités, la psychologie militaire, la psychologie juridique et de la police... La psychologie se partage donc dans des disciplines aussi diverses que les comportements humains qui en constituent l'objet.

Difficile donc de tout aborder! Mais si vous vous demandez pourquoi on voit en couleur, si l'on perd la mémoire avec l'âge ou si les astres prédisent le caractère, alors ce livre est fait pour vous...

1. Dont plusieurs thèmes sont traités dans cette collection avec le livre de Nicolas Guéguen *Psychologie du consommateur pour mieux comprendre comment on vous influence.*

1 L'intelligence

Sommaire

1 Qu'est-ce que l'intelligence ?

« Mon chien est intelligent... il m'a ramené mon journal dans sa gueule » ; mais si je ramène à ma femme son magazine préféré entre mes dents, elle me dira que je suis bête. Alors ! Qu'est-ce donc que ce terme d'intelligence qui n'a pas le même sens selon qu'il est appliqué à l'animal ou à l'homme ? De même chez les humains, il ne nous viendrait pas à l'esprit de douter de l'intelligence d'un écrivain ayant gagné un prix littéraire, même s'il est nul en maths, ou de penser que des étudiants (j'en connais) ne sont pas intelligents parce qu'ils font beaucoup de fautes d'orthographe alors qu'ils sont très doués par ailleurs. Qu'est-ce donc que cette insaisissable intelligence ?

Quand on parle de mémoire ou de langage, de vision des couleurs ou d'émotions, tout le monde voit à peu près de quoi il s'agit et les spécialistes ne font que préciser la définition. Mais ce n'est pas le cas pour le mot « intelligence » qui a plusieurs sens. Chez les philosophes par exemple, l'intelligence était appelée « la pensée » et était souvent vue comme le langage intérieur. Certains esprits religieux pensaient d'ailleurs que le langage était le propre de l'âme humaine. Cela posait un problème sérieux d'assimiler le langage à l'âme humaine à cause des sourds et muets. Ainsi, un jeune garçon, Victor de l'Aveyron, découvert dans les bois à l'époque de Napoléon, posait des problèmes philosophiques aux savants et philosophes de cette époque, car il ne parlait pas.

Cette imprécision du terme d'intelligence a conduit les scientifiques, depuis la fin du XIXe siècle, à s'orienter dans des pistes de recherche parfois très divergentes. En résumant un siècle de recherche, on peut dire maintenant que l'intelligence est utilisée (par les scientifiques) dans trois sens principaux. Le sens le plus courant est le sens de capacités mentales générales ; le terme à la mode est actuellement « capacités cognitives », de *cognitio* en latin, qui signifie « connaissances » ou « apprendre des connaissances ». Ces capacités sont très étendues, elles recouvrent notamment le langage, mais aussi le raisonnement, la perception, la mémoire et les habiletés sensorielles et motrices. C'est d'ailleurs cette définition générale qui est utilisée dans les tests les plus courants. Ainsi un tout jeune enfant sera considéré comme normalement intelligent s'il est capable de dessiner un cercle ou de dire son prénom, alors qu'il n'y a pas tellement de rapport entre ces différentes aptitudes. C'est également dans ce sens général qu'on utilise le terme d'intelligence à travers les espèces animales. Si l'on dit qu'une fourmi est intelligente, c'est parce que, par comparaison avec d'autres insectes, papillon ou coccinelle, l'organisation sociale et du travail chez la fourmi est étonnante. De même, si l'abeille est considérée comme intelligente, c'est parce qu'elle est capable d'un langage primitif qui permet d'indiquer aux autres la direction par rapport au Soleil et la distance du butin à récolter dans les fleurs.

Le deuxième sens a été principalement découvert par les psychologues, quoique déjà anticipé par certains savants des siècles passés comme Descartes, c'est le sens de raisonnement. Être intelligent, c'est posséder la capacité de raisonner, c'est-à-dire de parvenir à un but à partir d'éléments premiers. Un cas concret est la résolution de problèmes. Attention, vous penserez peut-être aux mathématiques quand je parle de « problèmes » alors que pour le psychologue, le terme de problème est très général ; le plombier résout un problème lorsqu'il répare une fuite, l'organisation d'un mariage est un problème (et les mariages des forts en maths ne sont pas nécessairement les mieux réussis...), se servir d'une machine à coudre en est un autre. Et j'admire l'inconnue qui a inventé le tricot : comment faire plus simple qu'avec de la laine et deux aiguilles ; même Einstein ne fait pas plus court avec sa formule $E = mc^2$ qui comporte 5 symboles ! Ne pensez pas non plus forcément à quelque chose d'ennuyeux en parlant de problème car beaucoup de jeux, du casse-tête chinois au jeu d'échecs, et maintenant les jeux vidéo sont des problèmes.

Enfin, il existe un troisième sens du mot intelligence, c'est la culture. Être intelligent, c'est être cultivé. La culture, c'est le langage (notamment la richesse du vocabulaire) et la mémoire des connaissances. La culture n'est pas héréditaire et repose sur la mémoire et sur les apprentissages. Pour une théorie américaine, le behaviorisme (de *behavior*, comportement) prédominante des années vingt aux années soixante, tout s'apprend. Le mot « intelligence » avait d'ailleurs été banni parce qu'il évoquait une capacité innée et il avait été remplacé par le terme « résolution de problèmes ». Et on ne résout pas un problème par un éclair de génie, on apprend à le résoudre. Le charpentier ne réussit pas du jour au lendemain une charpente complexe de même qu'une couturière ne réussit pas des costumes élégants dès le premier essai. Cette idée que l'intelligence résulte des apprentissages complexes revient à la mode en prenant le modèle de l'ordinateur avec l'idée que l'intelligence est en grande partie... de la mémoire !

La nébuleuse « intelligence » a été en grande partie éclaircie lorsqu'un psychologue anglais, Charles Spearman, a inventé vers 1900 des analyses statistiques qui permettent de classer les matières scolaires ou épreuves (ou tests en américain). Le classement aboutit à des « familles » de matières ou tests qui se ressemblent (par exemple français et histoire-géo, ou maths et physique…). Avec de telles méthodes, le chercheur américain Thurstone a identifié cinq principales aptitudes (mais il y en a d'autres) et fabriqué de nombreux tests pour les différencier. Sans ordre de prééminence (puisque tous sont « égaux » dans cette vision de l'intelligence), l'aptitude verbale est un facteur de signification verbale et correspond à des tests de compréhension des idées exprimées par les mots. L'aptitude spatiale consiste à bien se représenter des objets dans deux ou trois dimensions. Une aptitude au raisonnement correspond à l'aptitude à résoudre des problèmes logiques, à faire des prévisions, un plan. L'aptitude numérique caractérise le bon maniement des chiffres, et la résolution des problèmes quantitatifs que l'on trouve typiquement chez les matheux. Et enfin la fluidité verbale correspond à la rapidité et à l'aisance à manier les mots (un individu intelligent peut être éloquent ou pas du tout…), tel l'homme politique ou le camelot du marché.

Figure 1.1 – Les cinq grandes facettes (aptitudes) de l'intelligence

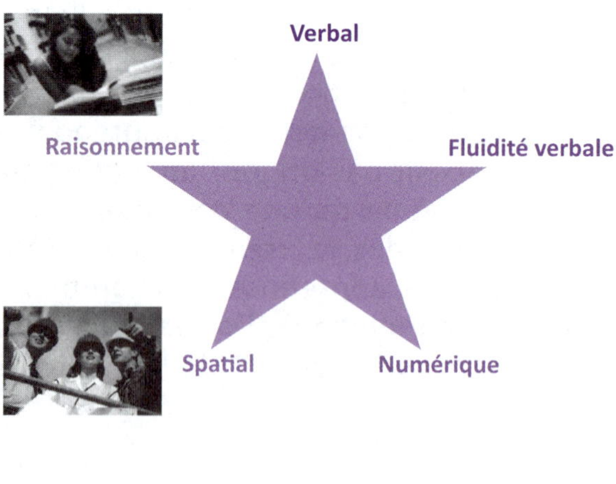

Les études réalisées pour la construction du test de Thurstone ont montré que le facteur verbal (compréhension) et le facteur de raisonnement sont les aptitudes qui prédisent le mieux la réussite dans les épreuves scolaires variées, vocabulaire, problèmes arithmétiques, textes littéraires ou notes en sciences naturelles et sciences sociales.

Le facteur numérique et le facteur spatial semblent très spécifiques, le facteur numérique n'étant corrélé qu'avec les problèmes arithmétiques et le facteur spatial avec des épreuves spatiales (de type dessin industriel). À l'inverse on trouve que des épreuves sensori-motrices variées, assemblage, placer rapidement des chevilles dans des trous, comparer des outils, sont non corrélées ou faiblement à ces cinq grandes aptitudes.

Pour conclure

Cette conception d'une intelligence recouvrant des réalités différentes a été poussée à l'extrême dans la théorie des « intelligences multiples » d'Howard Garner (1993) en proposant sept formes d'intelligence, langagière, logico-mathématique, spatiale, musicale, kinesthésique (danseurs et athlètes), interpersonnelle (sens des relations sociales) et intra-personnelle (représentation de soi). Mais, cette conception est une extension telle du concept d'intelligence qu'elle devient synonyme de n'importe quelle habileté. Si l'on dit qu'un athlète est intelligent parce qu'il court vite ou qu'il est rapide au ping-pong, que dire alors du guépard ou de l'aigle? Mieux vaut restreindre l'intelligence aux formes abstraites de la pensée comme l'a démontré la recherche en psychologie tout en valorisant les aptitudes sensori-motrices et les autres aspects de la personnalité. Un caractère aimable ou extraverti peut être professionnellement ou familialement plus adéquat qu'une intelligence très abstraite avec un caractère froid ou très introverti.

2 Mon poisson rouge est-il intelligent ?

Nous ne sommes pas de purs esprits et l'intelligence, au sens général de capacités mentales, dépend évidemment du cerveau. Mais grâce à Harry Jerison, qui a passé sa carrière à mesurer des cerveaux, on sait que c'est la proportion entre le poids du cerveau et le poids du corps qui est importante. Car l'éléphant (5 kg) et la baleine (7 kg) ont un cerveau plus gros que le nôtre. Quant au célèbre tyrannosaure, il n'avait qu'un tout petit cerveau de 200 grammes pour un poids de sept tonnes... une vraie cervelle d'oiseau ! Pas étonnant puisque l'on sait maintenant que les oiseaux sont une évolution des dinosaures.

D'une manière générale, on observe avec le développement des vertébrés - poissons, oiseaux, mammifères - et enfin des primates jusqu'à l'homme, une augmentation du poids du cerveau relativement au poids total. L'homme a en moyenne un cerveau de 1 400 g environ pour un poids moyen de 70 kg, ce qui lui fait un poids relatif du cerveau beaucoup plus élevé par comparaison avec des animaux de poids voisin comme le lion ou l'autruche mais qui ont des cerveaux dix à vingt fois moins lourds. Le cerveau du chimpanzé pèse 400 g, à peine moins que les 450 g de notre plus lointain ancêtre, l'australopithèque, la célèbre Lucy. Quant à notre petit poisson rouge, il est en bas de l'échelle avec un cerveau miniature pesant moins d'un dixième de gramme.

Figure 1.2 – Les capacités mentales correspondent au poids du cerveau relativement au poids du corps (simplifié d'après Jerison, 2001)

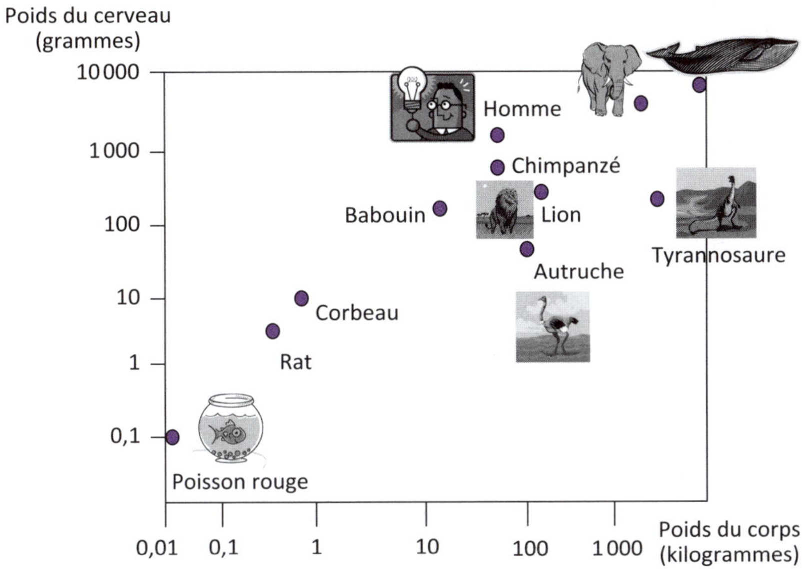

Malgré les énormes différences entre espèces animales, des comparaisons sont parfois possibles, si bien que certains chercheurs (Bitterman, 1965 ; Harlow, 1949) ont utilisé le même problème pour comparer l'intelligence de différents animaux. À chaque problème, l'animal doit choisir entre deux objets (par exemple une croix et un rond) pour recevoir une récompense, mais à chaque fois les deux objets sont différents. Un homme adulte apprend en un ou deux essais ce genre de problème : si la récompense n'est pas sous la croix, c'est qu'elle est sous le rond. L'homme trouve donc la solution en deux essais au maximum : soit on soulève l'objet (sous lequel est cachée la récompense) par hasard (c'est bon au 1er essai), soit on soulève l'autre, et le bon objet est soulevé au 2e essai, ce qui fait deux essais au maximum. Mais pour arriver à ce résultat, un chimpanzé a besoin d'un entraînement de 200 problèmes (sur plusieurs mois). Un pigeon ne réussit qu'à 80 % après 500 problèmes. Un chat ne réussit qu'à 60 % après un entraînement de 600 problèmes tandis que le rat ne réussit guère au-dessus du hasard après le même entraînement.

Essayons un problème plus simple : un animal doit choisir une cible (ex. rond brillant) plutôt qu'une autre stimulation (rond noir), et est alors récompensé ; des graines pour un pigeon et... un délicieux petit vers pour notre poisson rouge. Puis lorsqu'il réussit plusieurs fois (à raison de 40 essais par jour), on inverse et c'est le rond noir qui est récompensé et ainsi de suite. Le rat, cette fois, arrive bien à changer plusieurs fois et malgré les changements de la cible récompensée, ne fait que deux erreurs en moyenne. L'intelligence du pigeon est moins flexible et il commet jusqu'à 50 erreurs avant d'apprendre à changer de cible, mais finit au bout de 20 jours par bien apprendre. Ce n'est pas le cas de la tortue, qui fait toujours 40 erreurs par jour au bout de 20 jours d'entraînement. Et notre petit poisson rouge ? Eh bien force est de constater qu'il ne brille pas par son intelligence, il fait jusqu'à 70 erreurs par jour, même au bout de 20 jours d'entraînement.

Pour conclure

En plus des différences quantitatives, la grosseur du cerveau (relativement au corps), il existe également de nombreuses différences « qualitatives » de constitution du cerveau. Par exemple, par rapport à un vertébré primitif de taille équivalente, le cortex frontal (qui permet le raisonnement) du chimpanzé est 60 fois plus grand tandis que celui de l'homme est 150 fois plus grand. L'hippocampe (essentiel dans la mémorisation) est une fois et demie plus grand chez le chimpanzé et quatre fois plus volumineux chez l'homme. À l'inverse, le bulbe olfactif qui sert à l'odorat a la même taille.

Le chat et son compagnon le rat ne sont finalement pas si intelligents que La Fontaine nous les avait dépeints. Quant à notre petit poisson rouge... n'est pas Nemo qui veut !!!

3 Le langage est-il l'apanage de l'homme ?

L'évêque de Canterbury aurait dit en voyant le premier orang-outan du zoo de Londres : « Il ne lui manque que la parole pour que je le baptise. » Le langage a toujours été considéré en effet comme la frontière ultime entre l'animal et l'homme, et pourtant...

La démonstration de l'acquisition d'un véritable langage revient à Allen et Beatrice Gardner (1969, suivis par d'autres, Ann et David Premack, 1972, etc.). Leur idée géniale a été de penser que l'incapacité d'apprendre un langage chez le chimpanzé venait peut-être d'une limite des organes articulatoires (ce qui a été confirmé par la suite, leur larynx ne permettant pas la variété de nos sons) et non d'une limite intellectuelle. Car le chimpanzé est très habile de ses mains. Jane Goodal (Lawick-Goodal, 1970) qui a vécu parmi des chimpanzés dans la forêt, les a, par exemple, vus attraper des termites en plongeant une tige d'herbe dans les trous d'une termitière. Allen et Beatrice Gardner ont donc eu l'idée d'utiliser un langage des sourds aux États-Unis, l'« American Sign Language » (Ameslan).

L'expérience a débuté dans le campus de l'université du Nevada en juin 1966 avec une jeune femelle chimpanzé d'environ 10 mois (le chimpanzé est adulte vers 14 ans et peut vivre, en captivité, jusqu'à 40 ans), qu'ils ont appelée « Washoe », du nom d'un comté du Nevada. Washoe est constamment entourée de compagnons humains qui connaissent l'ameslan et qui s'occupent d'elle, jouent et lui témoignent de l'affection. Dans ces conditions, elle imite facilement ses modèles humains (d'autres expérimentateurs ayant élevé un chimpanzé dans un environnement humain, Yerkes ou les Hayes, ont noté une très grande capacité d'imitation à condition que les stimulations soient visuelles) : elle se brosse les dents tous les jours, joue à la poupée dès le deuxième mois de l'expérience et, le 10e mois, Washoe lave une de ses poupées exactement comme on la lave dans son bain, la séchant avec une serviette et parfois la savonnant... Le développement de son langage est assez rapide, 4 signes apparaissent durant les 7 premiers mois, 9 nouveaux signes durant les 7 mois suivants, et à nouveau 21 dans les 7 autres mois. À 4 ans et demi, Washoe a acquis un vocabulaire de 112 signes, désignant des actions « viens », « va » « manger », des objets « brosse à dents », « fleur » et des personnes, elle-même et ses compagnons ; elle s'est même montrée capable de faire des « phrases » combinant deux signes « jouer-balle »...

Pour conclure

D'autres expériences ont confirmé que les anthropoïdes, chimpanzés, gorilles, sont capables d'apprendre un langage avec des signes variés, formes en plastique, etc. Les performances de Washoe ont même été largement dépassées par un singe d'une espèce récemment découverte, le bonobo. Encore plus proche de nous, il se tient naturellement debout. Son squelette est très proche de l'australopithèque, un des hominidés les plus anciens (3 millions d'années).

Des recherches approfondies ont été entreprises au centre du langage de l'université d'Atlanta en Géorgie par Sue Savage-Rumbaugh (1993) et montrent des capacités étonnantes d'un bonobo élevé dès son jeune âge comme un enfant. L'équipe avait construit, pour étudier le langage des primates, un lexigramme d'environ 250 symboles visuels. Les primates ne pouvant parler, le lexigramme est une tablette informatique permettant de synthétiser la parole en appuyant sur un signe (ce dispositif est utilisé pour certains handicapés cérébraux). Un apprentissage systématique lui a permis d'associer des mots entendus à des photos d'objets ou de personnages. Kanzi est ainsi capable de comprendre mille mots : des objets, clé, porte ; des fruits, banane, pomme ; de la nourriture, jus de fruits, bonbons ; des personnes, Sue et les autres membres de l'équipe, sa famille, d'autres animaux, mulot, serpent, etc.

Spontanément, il est ainsi capable de comprendre des phrases en faisant l'action correspondante, laver une pomme de terre, allumer un feu avec un briquet, et à l'inverse de s'exprimer grâce au lexigramme. Il est capable d'exécuter les actions correspondant à six cents phrases (donc vraisemblablement plus), comme de mettre une clé dans le réfrigérateur, de dénouer les lacets et d'enlever la chaussure. Kanzi est le singe aux mille mots.

4 Combien de mots connaissons-nous ?

Si nos cousins les grands singes peuvent parler, le langage humain est tellement énorme qu'il défie la mesure. Il ne s'agit plus de cent ou mille mots comme chez le chimpanzé mais de dizaines de milliers. Comment s'y prendre ?

L'inventaire vraisemblablement le plus complet a été réalisé par les Américains Nagy et Anderson (1984) à partir d'un recueil sur ordinateur de plus de cinq millions de mots provenant d'un millier de textes, scolaires, magazines, etc., allant environ du CE1 (grade 3) à la fin du collège (grade 9 aux USA; Carroll, Davies et Richman, 1971, cit. Nagy et Anderson). Les auteurs ont analysé en détail les occurrences à partir d'un échantillon de 7260 mots afin d'enlever les mots répétés (mêmes sens mais de graphie ou de syntaxe différente comme «Maison», «MAISON»; «soulever» ou «soulevant»). Ils identifient ainsi des familles sémantiques de mots dérivés et, reportant leur estimation sur l'ensemble du corpus, ils estiment à 88500 les mots distincts présents dans les livres de tout niveau (de la maternelle jusqu'à chez l'adulte).

Deux recherches françaises aboutissent aux mêmes estimations. Celle de Poitiers (Ehrlich, Bramaud du Boucheron et Florin, 1978; Florin, 1993) s'est basée sur un échantillon de référence extrait d'un dictionnaire aboutissant, après diverses approximations, à un extrait représentatif de 2700 mots que les élèves devaient définir sur une échelle en cinq points, de « je ne l'ai jamais entendu » à « je le connais très bien et je l'utilise très souvent ». Un total de 2500 enfants, du CE1 au CM2, ont contribué à l'expérience, provenant de 115 classes d'écoles primaires. Les mots estimés « moyennement connus » par les élèves seraient de l'ordre de 3000 en CE1 et 6 000 en CM2, soit, au total, 9000 mots en fin de primaire.

L'étude de Rennes (Déro, 1998) a repris le principe de la méthodologie de notre étude au collège (voir plus loin) en inventoriant le vocabulaire tel qu'il apparaît dans les manuels scolaires du primaire, puis en estimant les connaissances des élèves grâce à des QCM (questionnaires à choix multiples). Cependant par rapport à notre étude, où les mots étaient comptabilisés manuellement, Déro a procédé par scannérisation des manuels, ce qui assure une analyse plus systématique. Le total recensé est de 11000 mots environ et l'estimation du vocabulaire moyen acquis va de 4500 mots en fin de CP jusqu'à 9000 mots environ en fin de CM2 (environ 10 ans), soit une progression d'environ mille mots par an.

Pour conclure

Nos études (Lieury et coll., voir Lieury, 2012) au collège indiquent l'acquisition, en plus de ce vocabulaire du primaire, de 2 500 mots nouveaux en 6e, jusqu'à 17 000 en 3e. Si l'on ajoute les 9 000 mots du primaire à ces estimations, on aboutit à 26 000 en 3e, ce qui représente un doublement du vocabulaire tous les deux ans.

Ces estimations correspondent à des sens différents (mémoire sémantique) mais si l'on tient compte, comme certains auteurs, des dérivés lexicaux (être, suis, sommes, étiez, étant, etc.), le vocabulaire porte sur des dizaines de milliers de mots. L'adulte cultivé posséderait donc un vocabulaire immense de plusieurs dizaines de milliers de mots, ce qui est infiniment plus complexe que les règles syntaxiques, qui seraient au nombre d'environ 300. C'est pour cette raison que l'étendue du vocabulaire apparaît être une des meilleures épreuves des tests d'intelligence, elle représente peut-être la capacité de notre «disque dur» personnel...

5 Les forts en thème sont-ils nuls en sport ?

La mesure de l'intelligence se fait en évaluant les performances mentales, résoudre un problème, répondre à des questions, écrire un roman, etc. De l'école à l'université, l'intelligence, c'est de bien réussir. Oui, mais réussir en français, en histoire, en sport? Comment évaluer l'importance des matières ou épreuves? Au pays de Sherlock Holmes, l'Anglais Charles Spearman a inventé le coefficient de corrélation afin de mesurer le degré de ressemblance entre deux performances. «Élémentaire mon cher Watson!»

Le coefficient de corrélation est une mesure statistique qui exprime conventionnellement la ressemblance entre deux choses par un nombre compris entre 0 et 1 de même que la température mesure conventionnellement la chaleur entre 0° et 100°. Par exemple, si dans une classe Tiffany a 16/20 en histoire et également 16/20 en géographie, Alexandre a 15/20 dans les deux matières et ainsi de suite jusqu'à Toto, qui a 5/20 aux deux matières. La ressemblance entre les deux séries de notes est parfaite : par définition, la corrélation entre la géographie et l'histoire sera de 1. Bien entendu, on ne trouve jamais un classement aussi parfait. Par exemple, la corrélation la plus élevée que je connaisse est le degré de ressemblance entre les empreintes digitales des vrais jumeaux, elle est de 0,97. Suivant l'usage américain en statistiques, le point remplace la virgule et on supprime le zéro : on dit donc .97 (on prononce « point 97 »). Attention, une corrélation n'est pas un pourcentage, il serait tout aussi faux de dire 97 % que de lire une température en centimètres. En pratique, des corrélations de .70 à .90 expriment une forte ressemblance et les corrélations inférieures à .30 n'expriment qu'une très faible ressemblance comme nous le verrons dans différentes questions.

Arrêtons-nous quelques instants sur la corrélation nulle (corrélation de zéro ou proche de zéro) qui est fréquemment comprise comme une relation négative (corrélation de – 1). Une corrélation négative exprime aussi une forte ressemblance mais inverse ; par exemple il y a une corrélation négative entre l'âge et la vision de près : plus on est âgé et moins la vision de près est bonne. Tout au contraire, la corrélation nulle exprime une absence de ressemblance, c'est le hasard, tout est mélangé en quelque sorte.

Dans une expérience sur huit classes d'un grand collège (173 élèves), on calcule les corrélations entre les matières (moyenne annuelle des élèves) prises deux à deux. Par exemple, la corrélation entre l'histoire-géographie et les maths est de .61, c'est-à-dire que les élèves bons en histoire-géo sont en moyenne bons en maths ; que ceux qui sont moyens en histoire-géo sont souvent moyens en maths et que ceux qui sont faibles en histoire-géo sont aussi le plus souvent faibles en maths. Ensuite, on calcule la corrélation entre l'histoire-géo et la physique-chimie, et ainsi de suite pour toutes les matières. On range ces corrélations sur une seule ligne et on recommence pour les corrélations de toutes les matières avec les maths pour les ranger dans la deuxième ligne du tableau. Vous remarquerez qu'il n'est pas nécessaire de remettre la corrélation entre maths et histoire-géo (.61) puisque c'est la même chose qu'entre histoire-géo et maths. C'est pourquoi, le tableau reste vide en dessous de la diagonale, par souci de simplicité.

Tableau 1.1 – Corrélations entre matières scolaires en 3e de collège (8 classes de 3e : 173 élèves ; simplifié d'après Lieury, Van Acker et Durand, 1995)

	Histoire-géo	Maths	Biologie	Français	Dessin	Sport
Histoire-géo	1	.61	.63	.54	– .01	.24
Maths		1	.67	.41	.03	.22
Biologie			1	.46	.06	.15
Français				1	– .04	.00
Dessin					1	– .01
Sport						1

En résumant, la lecture du tableau montre deux grands résultats. D'une part, certaines matières sont bien corrélées ensemble, de .42 à .71, ce sont l'histoire-géo, les maths, la biologie, le français et (non mis dans le tableau) la physique-chimie et les langues. En revanche, ces matières « fondamentales » sont peu ou moyennement corrélées avec la musique (de .21 à .46 ; non mis dans le tableau) et pas du tout corrélées avec le dessin ou le sport. Par exemple, il y a une corrélation nulle (.00) entre les notes en français et le sport ; et les corrélations avec les autres matières sont également nulles ou négligeables (les corrélations inférieures à .25 sont considérées comme négligeables). Les matières comme le sport et le dessin apparaissent dès lors comme des habiletés sensori-motrices plutôt que des matières représentant les capacités intellectuelles.

Pour conclure

Mais attention ! Une corrélation nulle ne signifie pas que tous les forts en lettres soient des gringalets comme dans le stéréotype du savant chétif mais cela signifie que c'est le hasard. Ainsi trouvera-t-on autant d'athlètes ou d'allergiques au sport chez les forts en thèmes et de même pour les autres matières, histoire-géo ou maths...

6 Votre intelligence se lit-elle dans votre écriture ?

S'il est un préjugé bien ancré en France (moins aux États-Unis, *cf.* chapitre 5), c'est que l'écriture révèle l'intelligence. De même que pour les visages ou les caractéristiques de la main, Alfred Binet, pionnier de la psychologie expérimentale, avait étudié les relations entre l'écriture et l'intelligence dès la fin du XIXe siècle. Il avait même eu l'opportunité d'obtenir la collaboration du fondateur de la graphologie en France, Crépieux-Jamin. Mais le célèbre graphologue n'était pas capable d'expliciter les raisons de ses jugements, si bien que Binet se tourna vers une autre méthode, qui le conduisit à inventer le premier test d'intelligence. Dans les études comparant des tests d'intelligence et des mesures d'habileté motrice, temps de réaction moteur ou vitesse d'écriture, les corrélations sont nulles ou négligeables (de 0 à .25). Vous avez donc raison de ne pas juger l'art de votre médecin à l'écriture de ses ordonnances !!!

Les recherches ont comparé le caractère prédictif de l'écriture pour l'adéquation d'une personne à un travail par comparaison à d'autres indicateurs comme le jugement par ses collègues ou des tests d'intelligence. Dans une synthèse faite par des chercheurs américains sur un grand nombre d'études, ce sont les tests d'aptitude (exemple tests mathématiques ou d'informatique pour un travail en informatique) ou un échantillon de travail qui prédisent le mieux la correspondance à un travail, les tests d'intelligence générale (composites) ont une prédiction moyenne. Mais le caractère prédicteur de la graphologie est nul.

Tableau 1.2 – Validité des méthodes de recrutement (adapté d'après Robertson et Smith, 1989 ; cit. Huteau, 2004)

Méthodes	Corrélation
Échantillon de travail Tests d'aptitudes	.38 à .54 .53
Évaluation par les pairs et supérieurs Tests d'intelligence générale	.43 .25 à .45
Graphologie	**.00**

Pour conclure

Par ailleurs, la véracité de la graphologie est difficile à étudier par manque de critères objectifs utilisés par les graphologues qui, comme les astrologues, disent tous que les autres se trompent et qu'eux-mêmes ont raison. Une enquête de l'Institut national de la consommation[1] a comparé le jugement de six graphologues de la région parisienne sur l'écriture de personnalités connues (le journaliste Jean-Claude Bourret, l'académicien Jean d'Ormesson, etc.). Par exemple le mannequin Inès de la Fressange est qualifiée de «réaliste» par un graphologue et d'«intuitive» par un autre, d'«analytique» par un troisième et d'«instinctive» par un quatrième. Les ouvrages sur les OVNI du journaliste Jean-Claude Bourret font qu'au minimum, on peut le doter d'imagination, ce que déclare un graphologue mais à l'inverse d'un autre qui juge que son écriture dénote «peu d'imagination». De même pour Philippe Bouvart, dont on sait la puissance créatrice étant à la fois journaliste et animateur de radio et télévision, mais qui est déclaré «peu créatif» par un graphologue. Jean d'Ormesson est qualifié de «rigoureux et cartésien» et en même temps plusieurs graphologues disent d'après son écriture qu'il «manque de recul». Quant à Paul-Loup Sulitzer, connu pour ses romans ayant l'argent et l'économie pour toile de fond, les uns disent qu'il est «clair et précis» ou «trop intellectuel» tandis que d'autres déclarent sa pensée «ni très claire, ni très cohérente».

À quel saint Graphologue peut-on se fier?

1. *50 millions de consommateurs*, novembre 1989.

7 D'où vient l'expression « avoir la bosse des maths » ?

Au cours du XIXe siècle, les idées du médecin allemand Franz Josef Gall (1758-1828) firent fureur. Selon cette théorie, appelée « phrénologie » (de *phrên*, qui veut dire « pensée » en grec), les fonctions psychologiques sont localisées dans le cerveau. Bonne idée dans son principe ! Ainsi le neurologue français Pierre-Paul Broca montra le cas d'un homme qui était incapable de parler (aphasie) et dont le cerveau se révéla après sa mort atrophié dans une partie bien définie (partie temporale gauche du cerveau), le centre du langage parlé. Mais Franz Gall va plus loin et pense que le développement d'une aptitude détermine un grossissement de la zone correspondante du cerveau tel qu'il entraîne une déformation du crâne dans cette région. L'idée devient très populaire sous le nom de la théorie des bosses, dont les expressions « avoir la bosse des maths », « avoir la bosse du commerce »... sont une survivance. Naturellement, celui qui a un grand développement de toutes les fonctions psychologiques devrait avoir... une « grosse tête », et l'expression existe encore de nos jours comme synonyme de grande intelligence ou de génie...

Franz Gall vivait à l'époque de Napoléon Ier, qui ne voyait en lui qu'un charlatan : « Voyez l'imbécillité de Gall : il attribue à certaines bosses des penchants et des crimes qui ne sont pas dans la nature, qui ne viennent que de la société [...] : que devient la bosse du vol s'il n'y avait point de propriétés ? » (Las Cases, *Mémorial de Sainte-Hélène*, cit. Renneville, 2000).

Alfred Binet, ce grand pionnier de la psychologie scientifique, s'attelle à cette théorie en vogue et, avec son ami le docteur Théodore Simon (qui dirige un institut pour déficients mentaux), il va mesurer des centaines de têtes. Le problème n'est pas si simple et il faut faire des tas de mesures compliquées du haut du nez au bas de l'occiput, d'un côté à l'autre du crâne en partant des oreilles. De plus, des erreurs de mesure se révèlent et, comparant ses mesures à celles du Dr Simon, il s'aperçoit qu'elles ne coïncident pas toujours. Bref, cela n'est pas commode, mais Binet publiera plusieurs articles sur ces recherches pour finalement abandonner. Tout au plus trouve-t-il que les déficients mentaux sont caractérisés par des extrêmes plus importants, des têtes plus petites mais aussi des têtes plus grosses. Des résultats récents montrent en effet que des anomalies chromosomiques (ex. trois chromosomes X chez la fille au lieu de deux, ou des garçons qui ont des chromosomes XXY au lieu de XY) correspondent à une circonférence de la tête inférieure à la moyenne. À l'inverse, dans une maladie appelée hydrocéphalie, le cerveau secrète un excès de liquide céphalo-rachidien dans des vésicules internes provoquant une distension du crâne qui fait ressembler ces enfants à des extraterrestres avec un très grand front et un crâne hyper-développé. Malheureusement, le cerveau lui-même est comprimé, ce qui aboutit à une déficience mentale.

Pour conclure

Les recherches modernes utilisant des méthodes statistiques (corrélation) montrent des résultats variés, allant d'une absence de relation entre l'intelligence et la circonférence du crâne à certaines études montrant une légère relation (.30 au maximum). D'ailleurs les filles sont en moyenne plus petites, et ont donc une tête plus petite que les garçons alors que les études ne montrent pas de différences intellectuelles. La légère corrélation entre les paramètres physiques et l'intelligence, circonférence de la tête mais aussi stature, indiquerait plutôt que l'intelligence et la stature sont toutes deux liées à un bon développement biologique, grâce notamment à une bonne alimentation et à l'absence de maladies (non soignées).

En outre, le bon fonctionnement du cerveau suppose un bon fonctionnement biochimique, en particulier des échanges complexes entre des neurones qui ont des tailles de l'ordre du micron et des molécules qui ont des tailles de l'ordre du nanomètre (milliardième de mètre)... C'est donc trop petit pour déformer les os du crâne !!!

8 Pourquoi a-t-on inventé les tests d'intelligence ?

Alfred Binet (1857-1911) est considéré comme l'inventeur du premier test ayant une certaine valeur prédictive (sur la réussite scolaire). Car tandis qu'il tordait le cou à la théorie des « bosses », il entreprenait parallèlement, avec son ami le Dr Simon, des études sur l'intelligence des enfants, étudiant leurs capacités à résoudre des situations de la vie scolaire, connaissances générales, mémoire de phrases, calcul, vocabulaire... Une circonstance officielle fut un élément déclenchant. Le ministère de l'Instruction publique (l'Éducation nationale de l'époque) instaura une commission pour le dépistage des arriérés qui soumit à Binet le problème des critères de ce dépistage.

Utilisant alors tout son savoir-faire, il eut l'idée de constituer une série d'épreuves variées dont chacune est caractéristique d'un âge et correspond en quelque sorte aux échelons d'une échelle. Par exemple, à cette époque, discerner les aliments est une activité que la moyenne des enfants de 1 an est capable de faire. À 5 ans, deux épreuves faisables par la moyenne des enfants de cet âge sont de comparer 2 boîtes et d'indiquer la plus lourde ; copier un carré... Des épreuves caractéristiques de 8 ans sont de faire une lecture et d'en conserver 2 souvenirs, de nommer 4 couleurs et d'écrire sous dictée... Il y a ainsi des épreuves caractéristiques de l'âge de 1 an, des épreuves de l'âge de 2 ans, et ainsi de suite jusqu'à 15 ans. Chaque groupe d'épreuves caractérisant un âge représente un échelon et c'est ainsi que Binet appela son épreuve l'échelle métrique de l'intelligence. La première version de l'échelle psychométrique, à laquelle il associa le nom de son ami le Dr Simon, parut en 1905, suivie d'une seconde version en 1908. Comment repérer en pratique le retard d'un enfant ? Imaginons un enfant de 12 ans qui ne réussit que les épreuves de 10 ans, on dira que cet enfant a un âge mental de 10 ans pour un âge chronologique de 12 ans. C'est la notion d'âge mental. Notons, ce qui sera le cas de tous les tests par la suite, que la notion d'intelligence est mesurée par rapport à la moyenne d'un échantillon d'enfants d'un âge donné. Ce n'est donc pas une mesure absolue mais relative ; on s'apercevra notamment dans l'adaptation américaine que les enfants américains sont plus en avance sur certaines activités. Bref, pour Binet, avoir une intelligence moyenne chez un enfant, c'est réussir les épreuves réussies par la moyenne des enfants de cet âge. Par la suite, l'échelle psychométrique sera utilisée pour diagnostiquer la déficience en utilisant la notion d'âge mental.

Pour conclure

L'échelle psychométrique, bientôt appelée le Binet-Simon, connut très vite un succès retentissant aux États-Unis. C'est là que le Binet-Simon prit le nom de « test ». Ses applications apparaissaient dans différents domaines, scolaire, psychiatrique, judiciaire, etc. Cet usage intensif a cependant fait apparaître la nécessité d'améliorations qui ont été essentiellement entreprises par Lewis Terman de l'université de Stanford, sous le nom de test Stanford-Binet.

9 Qu'est-ce que le QI ?

Sous le nom de Stanford-Binet, en l'honneur de son inventeur français Alfred Binet, la révision de Lewis Terman, professeur à l'université de Stanford (Los Angeles), paraît en 1916. Cette adaptation américaine n'est pas une simple traduction et comprend de nombreuses améliorations et corrections. Le nombre total d'items (questions ou exercices) est augmenté et passe de 60 à 90, ce qui améliore la fiabilité du test. En effet, il ne faut pas perdre de vue que le test de type Binet est un échantillonnage d'activités intellectuelles ; par exemple, on peut décider de mesurer le vocabulaire d'un enfant en lui présentant cinq mots, dix mots ou cent mots. Si le test n'est basé que sur la connaissance de cinq mots seulement, on prend le risque de tomber par hasard sur un mot qui vient d'être mis en avant culturellement ; par exemple le mot « ozone » était il y a quelques années un mot technique connu seulement de ceux qui avaient des notions de physique-chimie. Mais la pollution a rendu ce mot familier, dans le sens de « couche d'ozone ». De sorte que des enfants, à quelques années d'intervalle, connaîtraient tous ce mot, et se verraient créditer d'une intelligence valorisée de 20 % (un mot sur cinq = 20 %). Ainsi, dans la dernière version de Terman, l'épreuve de vocabulaire contient 45 mots. Un bon test doit donc nécessairement être vérifié comme tout instrument, balance, thermomètre, montre...

Enfin, la révision américaine intègre une notion nouvelle proposée par un autre psychologue et qui fera couler beaucoup d'encre, le quotient intellectuel, le célèbre QI. En effet, la notion d'âge mental est très pratique, notamment pour les petits enfants, mais un retard n'a évidemment pas la même signification selon l'âge réel (chronologique) ; par exemple, un retard de 2 ans n'a pas la même signification si l'enfant a 4 ans ou 14 ans. Dans le premier cas, l'intelligence est proportionnellement de moitié tandis qu'un retard de 2 ans à 14 ans équivaut à un retard mental bien moindre (un septième). Le QI établit cette proportion en calculant le rapport multiplié par 100 entre l'âge mental et l'âge réel :

$$QI = \frac{\text{Âge mental}}{\text{Âge chronologique}} \times 100$$

Ainsi, dans notre exemple, un retard de 2 ans à l'âge de 4 ans correspond à un âge mental de 2 ans et à un QI de 50 alors qu'un même retard à 14 ans donne un âge mental de 12 ans, soit un QI de 85 (12 ans d'âge mental divisé par 14 et multiplié par cent).

Depuis Binet et Terman, les chercheurs montrent une bonne corrélation entre le niveau intellectuel mesuré par les tests d'intelligence générale et le niveau scolaire. Par exemple, dans l'adaptation française du Terman-Merrill (appelé par les Américains le « Stanford-Binet »), on constate qu'il fallait dans les années cinquante un QI supérieur à 100 (la moyenne par définition) pour avoir un taux de réussite important au certificat d'étude (examen important dans ces années-là) :

Tableau 1.3 – Prédictivité du QI mesuré par le Terman-Merrill (d'après Cesselin, 1959)

QI	Pourcentage de réussite au certificat d'études
55-85	0 %
85-1005	35 %
105-135	78 %
Supérieur à 135	100 %

Depuis cette époque, des quantités de tests ont été construits. Parmi les plus célèbres, celui de l'Américain David Wechsler s'exprime comme la moyenne d'une dizaine de sous-tests variés, allant de tests de vocabulaire ou d'information (de type *Trivial Pursuit*) à des épreuves de raisonnement ou de puzzles...

Les tests d'intelligence générale (bien construits) restent bien prédictifs de la réussite scolaire en général comme dans cette étude où le niveau intellectuel, mesuré par des tests, est exprimé non en QI mais en note sur 20 comme à l'école :

Tableau 1.4 – Prédictivité du niveau intellectuel mesuré par des tests sur la réussite au baccalauréat (Kouteynikoff, 1967 ; cité par Bernaud, d'après Cesselin, 1959)

Niveau dans les tests en classe de 3e	Pourcentage de réussite au baccalauréat
0 à 4,4	0 %
4,5 à 8,5	7 %
8,6 à 12,5	24 %
12,6 à 16,5	44 %
16,6 à 20	79 %

Pour conclure

Cependant, les tests d'intelligence générale sont moins prédictifs de l'adéquation à une profession qui nécessite des savoir-faire très spécifiques (artisan) ou des connaissances très spécifiques (informatique), parfois même des caractéristiques de personnalité (extraverti pour être animateur ou vendeur). Aussi voit-on que les tests d'aptitudes sont plus prédictifs.

Tableau 1.5 – Meilleur pouvoir prédictif des tests d'aptitudes que d'intelligence générale dans l'adaptation à une profession (adapté d'après Robertson et Smith, 1989 ; cit. Huteau, 2006)

Méthodes	Corrélation
Échantillon de travail	.38 à .54
Tests d'aptitude	.53
Évaluation par les pairs et supérieurs	.43
Tests d'intelligence générale	.25 à .45

10 Votre enfant est-il surdoué… et faut-il le mettre à part ?

Pour les mamans, leur bébé est le plus beau, et naturellement beaucoup de parents ont tendance à penser que leur enfant est surdoué s'il a des facilités à l'école. Beaucoup déchantent lorsque l'enfant, toujours premier dans une petite école de campagne, se retrouve dans la bonne moyenne dans un lycée de grande agglomération. C'est ainsi que quand l'élève se trouve en grande difficulté, le test d'intelligence s'avère utile en tant qu'instrument de référence : il permet de situer un enfant par rapport à la moyenne.

Lewis Terman (qui a adapté le premier test d'intelligence aux USA) s'était intéressé aux enfants brillants ou doués (*gift*) et il avait défini l'intelligence brillante d'une façon statistique. Rappelons, en effet, que les tests psychologiques sont des instruments statistiques : on est intelligent lorsqu'on est capable de réaliser les activités intellectuelles réussies par la moyenne des individus. Cela définit une courbe de Gauss, en forme de cloche.

Figure 1.3 – Exemple de distribution de QI pour un échantillon d'enfants de 12 ans

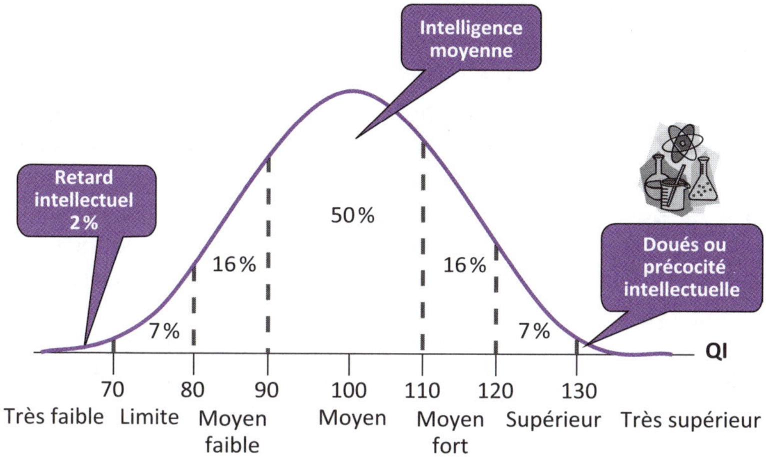

Les psychométriciens ont l'habitude de mesurer la base de la courbe en cloche par des unités de 15 points de QI. Dans une courbe de Gauss standard, il y a 70 % des individus entre le QI de 85 et de 115 tandis qu'il n'y a plus que 4 % d'individus aux bords extrêmes de la courbe en coche. Ainsi, il n'y a que 2 % de gens dont le QI est inférieur à 70 et que 2 % également vers le bord supérieur, c'est-à-dire au-dessus d'un QI de 130. C'est ainsi, depuis Terman, que les 2 % d'enfants ayant les QI les plus élevés, en pratique supérieurs à 130, sortent vraiment du lot et peuvent être qualifiés de brillants ou doués. Leur suivi sur deux générations de chercheurs a montré que ces élèves se sont révélés de bons étudiants par la suite, ont obtenu en moyenne des professions de haut niveau et se sont révélés encore actifs après la retraite, si bien qu'un chercheur a intitulé son article « les petits génies font les nobles vieillards » !!!

Cependant, on peut légitimement se demander si les enfants très brillants, les surdoués, n'ont pas besoin d'une éducation spéciale. Il existe des tenants dans les deux camps. Certains auteurs défendent cette idée avec l'argument qu'ils s'ennuient dans un système classique et pensent qu'il faut mettre les enfants doués dans des écoles spécialisées ou plus simplement (car ils ne sont pas nombreux, deux pour cent d'une classe d'âge) les monter d'une classe. D'autres à l'inverse pensent que de mettre les enfants brillants avec des enfants plus âgés peut les perturber sur le plan affectif et les isoler. Une grande recherche a été conduite aux USA sur une centaine d'enfants brillants (définis comme les 1 % meilleurs de leur classe d'âge dans des tests en mathématiques). Une centaine d'élèves de douze à treize ans ont été (par le choix des parents) avancés d'une classe et ont donc eu une éducation « accélérée » et sont comparés à une centaine d'élèves moyens de mêmes caractéristiques pris comme groupe contrôle, et qui n'ont pas sauté de classe. Ces deux cents élèves ont été ainsi suivis par deux chercheuses, depuis dix ans, en étudiant de nombreuses caractéristiques, intellectuelles et psychosociales.

Les résultats sont impressionnants dans deux directions différentes. D'une part, les élèves « accélérés » ont conservé leur avance d'un an, si bien que leur niveau d'étude moyen est légèrement supérieur. Mais par ailleurs, l'ensemble des caractéristiques intellectuelles et psychosociales ne présente pas de différences. Ils restent tous doués, élèves « accélérés » et « non accélérés » puisque 98 % d'entre eux entrent à l'université, 28 % ont remporté des prix dans les deux groupes, 60 % ont été premiers de promotion. De même, et ceci est plutôt contre les tenants de la non-accélération, les élèves « accélérés » ne pâtissent pas sur le plan affectif et social de leur accélération et se montrent aussi bien intégrés et bien dans leur peau que les élèves doués restés à leur niveau scolaire normal, ils aiment autant le collège, participent autant à des activités extrascolaires et ont un même bon sentiment d'estime d'eux-mêmes.

Bref, comme concluent les deux auteurs de cette étude, sauter ou ne pas sauter de classe n'a pas d'effet et l'on peut choisir le mode d'éducation que l'on veut, du moment que ce n'est pas contre le choix de l'enfant...

Pour conclure

Voilà pourquoi, depuis Terman, les enfants sont qualifiés de «brillants» s'ils obtiennent un QI égal ou supérieur à 130 dans un test sérieux. Deux pour cent, c'est très peu mais cela représente tout de même 2 millions de personnes sur une population de cent millions, soit plus d'un million dans la population française, ou deux mille pour chaque grande ville de cent mille habitants. Le phénomène n'est donc pas rare. Les médias en France utilisent volontiers le qualificatif de «surdoué» et de ce fait, je l'utilise. Cependant cette surenchère, qui signifie au sens strict «plus doué que doué», fait sourire en évoquant le célèbre pastiche de Coluche «plus blanc que blanc» d'une publicité de lessive. Les Américains gardent le qualificatif de doué (*gift*) et c'est bien suffisant. Restons modestes, c'est déjà une chance considérable d'être doué, pas la peine d'en rajouter (autre pub)....

11 Que valent les tests des magazines ?

Un test, au sens scientifique du terme, exige de nombreuses qualités et précautions de construction pour être scientifique. Avant tout, un test est un outil statistique dont la fiabilité repose sur la valeur de ses échantillons. D'abord des échantillons d'activités intellectuelles et d'autre part des échantillons de plusieurs centaines de sujets pour établir des références. *A priori*, on pourrait prendre de nombreuses activités intellectuelles pour fabriquer un test, des mots croisés, des labyrinthes, des casse-tête chinois, des rébus ou devinettes. C'est d'ailleurs ainsi qu'ont procédé les psychologues et il existe quelque 5000 tests d'intelligence. Il existe des tests basés sur des labyrinthes, des figures, la recherche de figures cachées, des puzzles, remettre dans l'ordre les images d'une bande dessinée, trouver la partie manquante d'un dessin, faire du calcul mental, construire une figure avec des cubes de couleur... D'ailleurs de nombreux jeux ou magazines d'enfants se sont inspirés de ces épreuves.

Mais les recherches ont montré que certaines activités n'étaient pas toujours fiables et que leur réussite ne correspondait pas à un âge précis. Ainsi, au cours de la construction de tests, certaines épreuves comme les labyrinthes (que l'on trouve dans de nombreux magazines pour enfants) se sont avérées être de mauvais items critiques, c'est-à-dire qu'ils ne caractérisent pas bien un âge mental, étant parfois réussis par des enfants d'âges très différents...

Tableau 1.6 – Tous les tests ne prédisent pas aussi bien l'intelligence (corrélations établies sur 355 cas de 20 à 34 ans, d'après Wechsler, 1961, tableau 43, appendice III)

	Corrélation avec le total des tests
Similitudes	.73
Cubes	.71
Code	.67
Information	.67
Compréhension	.66
Arithmétique	.62
Complètement d'images	.60
Arrangement d'images	.51
Mémoire des chiffres	.51
Puzzle	.41

C'est pour accroître cette fiabilité que David Wechsler, qui a construit le test le plus utilisé et le plus traduit, a opté de mesurer l'intelligence sur la somme d'une dizaine de sous-tests. Après de longues études dans le grand hôpital de Bellevue à New York, il a éliminé de nombreux tests. Néanmoins, parmi les tests retenus, on voit dans le tableau de corrélations de chaque test avec le total de l'épreuve que certains tests représentent bien l'ensemble (corrélation élevée) comme le test des similitudes ou des cubes. En revanche, on constate que l'épreuve des puzzles est faiblement corrélée, ce qui montre qu'elle est moins bonne que les autres pour évaluer des différences d'intelligence entre les personnes.

Pour conclure

Or, les exercices offerts par les magazines sont fabriqués par des gens ingénieux et créatifs, mais leurs barèmes sont fantaisistes… Je connais même des journalistes qui inventent des jeux avec leurs copines comme d'autres créent un scénario ; ce ne sont donc que des jeux. Une autre caractéristique de beaucoup de tests est le contrôle du temps. En effet de nombreux problèmes sont résolus en y mettant du temps, c'est pourquoi beaucoup d'exercices des tests sont à réaliser dans un temps limite. Faute d'étalonnage et de temps limites, les « psychotests » des magazines sont des jeux. En voici un exemple : placer des allumettes pour faire l'inégalité suivante : IV + I = IX + V (mes signes +, –, = sont constitués également d'allumettes).

Tel quel, cela fait 4 + 1 = 9 + 5, ce qui est faux ; il faut donc corriger cette inégalité mais en déplaçant une seule allumette[1].

1. Ce problème est difficile car on pense plutôt à enlever une allumette constituant un chiffre et non à la prélever du signe plus. La bonne réponse consiste à déplacer l'allumette du deuxième + pour faire un – et le mettre devant le V, ce qui donne IX – IV (9 – 4), la solution étant IV + I = IX – IV, et l'on a 5 de part et d'autre.

Bon courage, mais rassurez-vous si vous ne trouvez pas, car ce jeu n'a pas été étalonné et le temps n'est pas limité, on ne sait donc pas si sa réussite exige une intelligence moyenne ou une intelligence supérieure. Mais on peut toujours rêver et c'est le but des magazines, car les barèmes donnés par les journaux sont fantaisistes et ils ne vont pas prendre le risque de traiter leurs acheteurs potentiels de sous-doués...

12 Sommes-nous vraiment logiques ?

Si les phénomènes paranormaux sont souvent des supercheries ou des croyances sans fondement (mais aussi parfois des fonctionnements mentaux : hallucinations, épilepsie), comment expliquer la popularité de nombreuses croyances ? Dans leur excellent livre *Devenez sorciers, devenez savants*, les physiciens Georges Charpak et Henri Broch s'étonnent de ce que l'augmentation de la culture ne s'accompagne pas d'un scepticisme équivalent. Ils citent une étude de sociologie montrant que, contrairement à ce qu'on pourrait croire, les personnes les plus cultivées ne sont pas les plus sceptiques, les instituteurs étant, par exemple, ceux qui sont les plus captifs à divers phénomènes.

Mais contrairement à l'opinion de Descartes, le bon sens n'est pas la chose la mieux partagée du monde, ce serait plutôt la crédulité...

Car les croyances sont assez universelles et pas spécifiquement françaises. Les pays nord-américains croient plus dans les notions issues du christianisme. Par exemple, la croyance en Dieu, dans le Diable ou dans les anges est beaucoup plus élevée qu'en Europe (les anges, 78 % aux USA contre 26 %

en Grande-Bretagne). De même, le spiritisme est plus « nord-américain », tout comme la croyance en des ovnis d'origine extraterrestre. Bref, les Français ne sont pas, loin de là, les gens les plus irrationnels.

Tableau 1.7 – Comparaison des croyances (en %) dans quelques pays occidentaux (moyenne de 59 sondages dans les années 2000 ; d'après Jean Quellette, « Le palmarès des croyances », site Internet libre-pensée)

	USA	Canada	Grande-Bretagne	France
Dieu	**86**	**81**	**56**	**56**
Sourciers	-	-		**63**
Guérisseurs	-	-	40	**54**
Télépathie	**51**	**66**		42
Anges	**78**	**61**	26	32
Diable	**69**	48	25	27
Astrologie	31	45	-	35
Voyance	32	**51**	34	20
Ovnis extraterrestres	48	-	-	18
Fantômes	**51**	38	38	13
Spiritisme	28	27	-	18
Réincarnation	26	29	33	14
Moyenne	50 %	49 %	36 %	32 %

(Pour mieux voir les différences, les % supérieurs à 50 % sont mis en gras)

De plus, contrairement à une idée répandue d'une montée de l'ésotérisme et des croyances en notre société très technologique, les sondages montrent une diminution de l'irrationalité. Les croyances baissent de 10 à 20 % entre un sondage réalisé par l'Institut CSA pour *Le Monde* et *La Vie* en 2003 par rapport à un sondage de 1994[1].

1. Revue de l'AFIS *Science et pseudo-sciences*, n° 259, octobre 2003.

Tableau 1.8 – Diminution des croyances en une décennie (% de personnes), comparaison de deux sondages, 1994 et 2003

	1994	2003
Origine surnaturelle des influences extérieures sur notre vie	44	29
Contact avec un phénomène surnaturel	35	26
Les prières sont parfois exaucées	54	46
Réalité des miracles	57	42
Se fient à l'astrologie	60	37
Font confiance aux voyantes	46	23
Croient à la sorcellerie	41	21
Moyenne	48 %	32 %

À quoi est due cette amélioration? Probablement pas à l'évolution des études, puisque le pourcentage de la classe d'âge qui a le baccalauréat n'a pas évolué entre 1995 (63 %) et 2000 (62 %[1]). Peut-être grâce à l'influence des médias (voir les émissions de démystification, les livres et revues scientifiques...) et probablement plus à l'explosion des technologies et des médias. On sait depuis la guerre du Golfe que les ovnis étaient sans doute des essais ultrasecrets de missiles de croisière ou d'avions futuristes comme les furtifs. Grâce aux émissions de télévision, on sait que la téléportation n'existe pas mais que le numéro des magiciens utilise des jumeaux et les jeunes trouvent plus sûr de se donner rendez-vous grâce à leur portable dernier cri que par télépathie!!!

1. On entend souvent le chiffre d'environ 80 % de réussite au bac, or attention, il s'agit du taux de réussite des élèves inscrits, mais ceux-ci ne représentent pas toute la classe d'âge; le taux de réussite par rapport à toute la classe d'âge est d'environ 40 % pour le baccalauréat général et 60 % si l'on ajoute le bac professionnel (source éducation.gouv.fr).

Mais pourquoi devrait-on être logique sans formation spécifique? Déjà le grand psychologue et logicien Jean Piaget avait montré qu'il faut atteindre un certain âge pour être capable de logique dans la compréhension du monde physique.

Dans de multiples expériences, Piaget et ses collègues ont étudié l'évolution de la compréhension de situations logiques, par exemple la sériation, les oscillations d'un pendule, l'inclusion logique. L'exemple type est celui de la sériation. Le problème est exposé sous la forme de 10 baguettes de 10 à 16,5 cm que l'enfant doit ranger de la plus petite à la plus grande (comme pour faire un escalier, pour les plus petits). Les expérimentateurs (en particulier Inhelder et Vinh-Bang) constatent quatre stratégies ou manières de faire, tout d'abord une incapacité totale de réaliser une sériation, l'enfant manipulant au hasard. Dans la deuxième stratégie, l'enfant amorce un classement mais celui-ci est incomplet, produisant soit des petits paquets, les petites baguettes ensemble et les grandes à côté, soit des mini-séries. Piaget dénomme « infra-logique » cette période. Une troisième stratégie correspond bien à une sériation, mais elle se fait par tâtonnements, par essais et erreurs. Enfin, dans la stratégie logique (appelée « opératoire »), l'enfant pose la plus petite des baguettes, puis la plus petite des baguettes restantes et ainsi de suite jusqu'à la dernière comme s'il avait un modèle mental. Les expérimentateurs proposent également une épreuve de vérification consistant pour l'enfant à insérer sans erreur une 11e baguette de taille intermédiaire.

En faisant passer cette épreuve à des enfants de plusieurs niveaux d'âge, on constate que les enfants de 4 ans ne font aucune tentative de sériation ou opèrent des petites séries (ou paquets) ce que font majoritairement les enfants de 5 ans; l'âge de 6 ans paraît être de transition et aucune stratégie ne domine tandis qu'à partir de 7 ans, les enfants deviennent majoritairement logiques. Mais les études de Piaget montrent que cette évolution n'est pas finie car cette logique ne concerne que les problèmes dont les dimensions sont visibles (taille, forme, couleur) et il faut attendre 12 ou 14 ans pour des raisonnements sur des dimensions abstraites.

Mais même passé l'âge de raison, sommes-nous complètement logiques ? Des recherches récentes induisent le doute quant à la logique humaine !

L'une des épreuves les plus étudiées dans la recherche sur le raisonnement humain est le paradigme de sélection de Wason. On montre au sujet une collection de cartes portant d'un côté un chiffre et de l'autre une lettre ; puis on les cache en ne laissant sur la table que deux cartes avec une lettre et deux avec un chiffre comme dans l'exemple suivant. L'expérimentateur demande alors au sujet les (ou la) carte(s) qu'il faut retourner pour décider si la règle suivante est vraie (ou fausse) :

Règle : Si un A est sur une face alors il y a un 3 sur l'autre côté.

A	**F**	**3**	**7**

Le choix le plus fréquent est de retourner :

– A tout seul ;

– A et la carte 3.

En fait, la logique voudrait que l'on retourne A et 7. En effet, la carte A doit avoir un 3 pour respecter la règle mais à l'inverse, la règle ne spécifie pas que toute carte 3 doit avoir un A : un 3 peut donc comporter un B ou un F. En revanche, si la carte 7 a un A au dos, ce A n'aurait donc pas de 3 et la règle apparaîtrait fausse. Dans ce raisonnement dit « conditionnel » de la forme « si A alors... », seulement 10 % des sujets adultes choisissent les bonnes cartes, ce qui signifie que 90 % des sujets ne sont pas logiques. Ce faible résultat ne dépend pas du niveau éducatif puisque le même score est atteint par des professionnels ayant le doctorat ; seuls des sujets experts en mathématiques ou en sciences techniques atteignent un niveau de 50 %, ce qui n'est pas bien élevé encore.

Pour conclure

L'homme n'est donc pas naturellement logique, ce qui explique les croyances irrationnelles. Le cortex, siège des apprentissages, est constitué de neurones qui s'interconnectent à la demande ; ils peuvent apprendre du Mozart ou du rap, une croyance ou une autre... Nous retrouverons l'irrationalité en matière de jeux d'argent (loto, etc.) mais aussi à propos de la personnalité, les croyances dans la graphologie et l'astrologie. Pour les contredire, il faut des protocoles expérimentaux et l'usage de statistiques, qui sont loin d'être innées et qui s'apprennent (condition contrôle, appariement, corrélation, etc.). Dans le programme de psychologie à l'université par exemple, de nombreux enseignements sont consacrés à l'apprentissage des méthodes scientifiques et des statistiques, qui ont mis plus d'un siècle à être élaborées.

13 Quoi de neuf dans les tests ?

Des révisions importantes ont été apportées aux tests de Wechsler, attentifs aux nouvelles recherches dans le domaine de l'intelligence, notamment dans la dernière, le WISC-IV (2005), qui tient compte à la fois des recherches sur la mémoire et sur l'attention.

Par approximations successives et à partir du socle des anciennes épreuves, les concepteurs du test ont abouti à quatre grands domaines cognitifs : « compréhension verbale », domaine qui aurait pu être également appelé « compréhension verbale et mémoire sémantique » ; « raisonnement perceptif », qui correspond au raisonnement de Spearman et de Thurstone (fiche 2); « mémoire de travail », qui correspond aussi à l'attention partagée ; et « vitesse de traitement », bien que les épreuves retenues correspondent plus à des tests d'attention (barrage) ou de coordination visuomotrice. Voici deux exemples :

Figure 1.4 – Les quatre domaines cognitifs du Wechsler-IV (adapté d'après Wechsler, 2005)

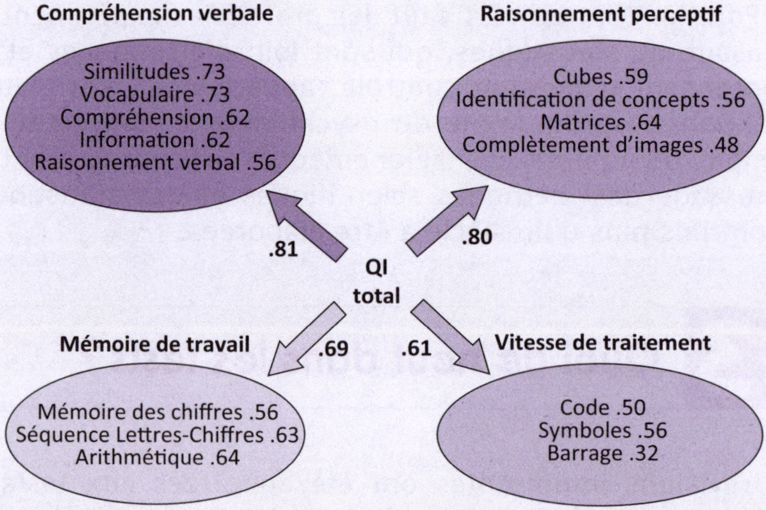

(les corrélations ont été ajoutées d'une part entre les épreuves et le QI total et d'autre part entre les domaines et le QI total)

Matrices

Le test des matrices est inspiré des recherches sur le raisonnement. Il faut découvrir la règle entre les deux cases du haut du tableau et l'appliquer à la case du bas pour découvrir la case manquante. Dans mon exemple, la règle du haut est le double (de melons); en appliquant cette relation à la case « citron », on en déduit qu'il faut deux citrons dans la case manquante.

Différentes solutions sont proposées dans le test, pour faciliter la correction et enlever toute ambiguïté d'interprétation.

Figure 1.5 – Exemples (fictifs) illustrant le subtest des matrices dans le WISC-IV

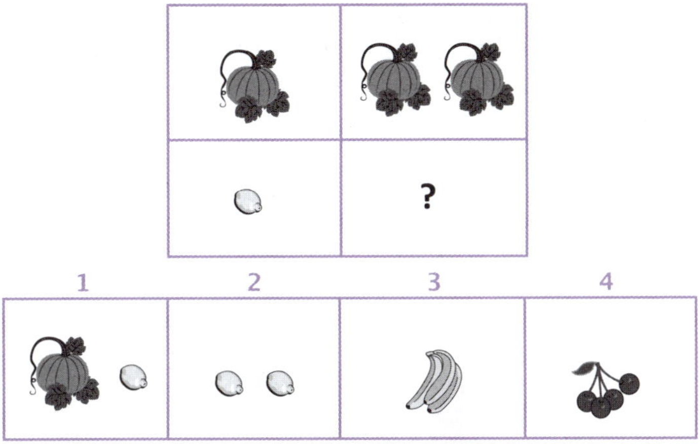

Symboles

Le test de symboles est un test d'attention, il faut cocher « oui » ou « non » selon que chaque série (rangée) contient ou non deux formes semblables. Ces deux épreuves sont chronométrées (elles sont censées mesurer la vitesse de traitement) ; ce sont donc des tâches d'attention visuelle.

Figure 1.6 – Exemple (fictif) illustrant le subtest de symboles dans le WISC-IV

Caractère prédictif du WISC-IV

Que diriez-vous si la balance de votre épicière donnait des valeurs différentes pour un même poids ? C'est la même chose pour un test. Un bon test détient plusieurs qualités, dont la fidélité (il mesure la même chose à des temps différents) et la validité, c'est-à-dire qu'il mesure bien l'intelligence dans des situations réelles. Cette version du test de Wechsler apparaît avoir une très bonne valeur pronostique, ou validité (figure 1.7).

Figure 1.7 – Valeur pronostique sur des échantillons cliniques (adapté d'après Wechsler, 2005)

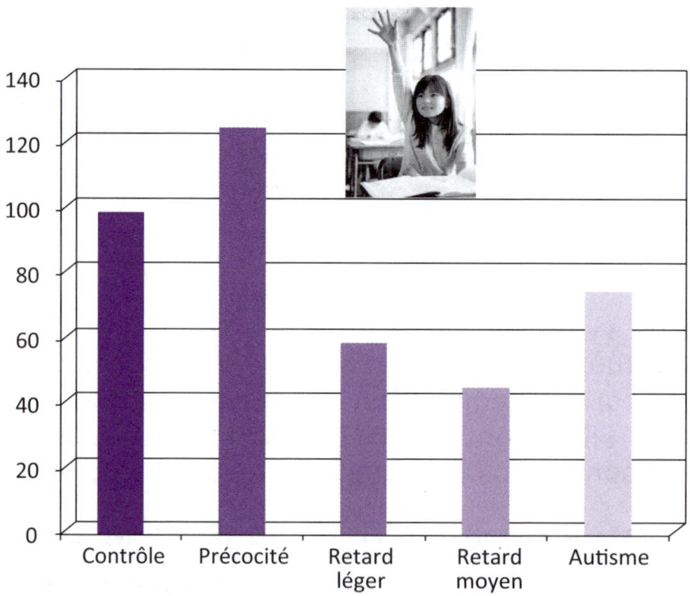

(par rapport au QI de 100 pour un groupe contrôle, les enfants précoces (plus jeunes d'un an) ont un QI nettement plus élevé (130) alors que des enfants ayant un retard mental ont des QI de 60 ou 50)

Par rapport au QI de 100 pour un groupe contrôle d'environ 12 ans, des enfants de même âge ayant un retard mental ont des QI de 60 ou 50. À l'inverse, les enfants précoces (plus jeunes d'un an dans l'étude) ont un QI nettement plus élevé

(130). Contrairement à une opinion répandue, tous les autistes n'ont pas une mémoire ou des capacités de calcul fabuleuses. Que ce soit pour les épreuves de calcul mental (arithmétique) ou nécessitant une mémoire à court terme (mémoire des chiffres) ou à long terme (information et vocabulaire), les autistes ont en moyenne des scores très faibles au contraire du groupe contrôle et surtout des enfants précoces. En réalité, ce n'est qu'une infime proportion d'enfants autistes, les autistes savants, qui ont des capacités extraordinaires.

14 L'intelligence est-elle héréditaire ?

La sélection en élevage et dans l'agriculture est utilisée depuis des siècles et fait actuellement l'objet de procédures scientifiquement contrôlées ; on sait ainsi que de nombreux facteurs sont sous la dépendance de facteurs génétiques, allant de la résistance des céréales au froid à la production laitière. Pourquoi donc les gènes des chromosomes seraient-ils responsables de la morphologie et de la physiologie des animaux et ne seraient pas responsables du comportement ? L'idée que l'intelligence soit également héréditaire a été développée vers la fin du XIXe siècle par l'Anglais Francis Galton qui s'intéressa, dans un livre sur l'hérédité des génies, à retracer les filiations familiales de génies comme l'on fait avec le pedigree des chevaux de course.

La première expérience de sélection animale sur des caractéristiques comportementales a été faite par l'Américain Tryon de 1927 à 1940 chez le rat, animal familier du laboratoire. La sélection est basée sur la rapidité à apprendre à sortir d'un labyrinthe complexe, comportant 17 carrefours. Chaque animal est soumis à 19 essais et on mesure sa performance par le total d'erreurs (entrées dans les impasses) ; les rats qui commettent le moins d'erreurs sont appelés « brillants » (*brights*) et ceux qui commettent le plus d'erreurs sont les « cancres » (*dulls*). Ces deux premiers groupes définissent donc les parents, il y a des parents brillants et des parents cancres. C'est à partir de ce moment que commence la sélection, de même que pour des fleurs dont on voudrait séparer les rouges des blanches. Dans l'exemple des fleurs, on ne croiserait pour la reproduction que les fleurs les plus rouges entre elles et seulement les fleurs les plus blanches entre elles, et ainsi de suite sur plusieurs générations pour avoir des fleurs très rouges ou très blanches. Ici, Tryon et son équipe font se reproduire entre eux les rats brillants d'une part et d'autre part les rats cancres. Les rats issus de ces croisements forment la première génération, G1 ; après apprentissage des rats G1, on opère une nouvelle sélection en croisant les nouveaux brillants entre eux et les nouveaux cancres entre eux et ainsi de suite jusqu'à la 18e génération. Notons que cette expérience a duré pendant 11 ans. Les résultats indiquent qu'une différenciation nette entre deux variétés de rats s'opère seulement à partir de la génération n° 7. Certains laboratoires d'élevage continuent d'ailleurs cette sélection, parmi d'autres, et les chercheurs peuvent acheter des souches de rats brillants ou cancres.

Qu'en est-il de l'homme ? L'intelligence est-elle également héréditaire ? Pour l'étudier, on calcule la corrélation entre le QI de personnes de degré de parenté génétique croissant, allant de la corrélation entre deux personnes sans lien de parenté aux vrais jumeaux, qui ont les mêmes chromosomes. Plus d'une centaine d'études ont été faites dans ce domaine, les résultats portant ainsi au total sur plusieurs milliers d'individus.

On constate que la corrélation moyenne, sur cette centaine d'études, varie fortement selon le degré de parenté. Comme on s'y attend, la corrélation est nulle entre les QI de couples de personnes sans relation (couplées au hasard). Les cousins ont entre eux une corrélation de 0,15. La corrélation entre frères et sœurs ou entre parents et

☛

enfants est la même, environ 0,50. Et enfin les vrais jumeaux ont une intelligence très ressemblante, puisque la corrélation entre leurs QI est de 0,85, ce qui est très élevé.

Pour conclure

L'intelligence est bien héréditaire et plus les personnes partagent le même patrimoine génétique et plus leur intelligence se ressemble. Cependant, une erreur courante lorsqu'on énonce cette conclusion est de comprendre « seule l'intelligence est héréditaire », ce qui n'est pas le cas car les conditions de développement et d'éducation ont, elles aussi, un rôle crucial (voir plus loin). Dire qu'il y a du blanc dans l'œuf ne signifie pas qu'on ignore l'existence du jaune !!!

15 Pourquoi Einstein était-il un génie ?

Parmi de nombreux chercheurs qui ont étudié le calcul, Stanislas Dehaene a particulièrement éclairé ce difficile thème par des recherches originales et une synthèse remarquablement documentée (2003). Les mathématiques nécessitent une grande variété de zones du cortex (et même sous le cortex). La lecture des chiffres écrits ou des objets à dénombrer se fait dans le cortex occipital (dans la région interne de l'hémisphère gauche) tandis que le transcodage en chiffres arabes ou mots (9 et neuf) se fait dans le cortex occipital (visuel) inférieur. Divers travaux dont ceux de Dahaene montrent que le cortex pariétal (dans l'hémisphère gauche comme le droit) est particulièrement impliqué dans des étapes du calcul, notamment le dénombrement d'objets. Or le cortex pariétal est souvent une zone impliquée dans la localisation spatiale des objets. Dahaene suggère que c'est dans cette zone pariétale que naîtrait la notion d'une quantité par l'abstraction du nombre d'objets placés à des endroits différents (indépendamment de leur forme et couleur). Les fameuses tables de multiplication, apprises par cœur à l'école, seraient stockées dans des noyaux sous-corticaux (à l'intérieur du cerveau) comme le thalamus. À l'inverse, d'autres opérations nécessitent de vocaliser (aire de Broca) et on peut supposer que le comptage sur les doigts chez les petits fait intervenir les centres moteurs des doigts (cortex moteur supérieur). Si l'hémisphère gauche est surtout impliqué lorsqu'il s'agit de mots et de verbalisation, l'hémisphère droit est également capable de traiter certaines activités numériques, comme les chiffres et quantités. Enfin, le cortex frontal serait le lieu de la coordination, ce que les chercheurs de l'intelligence appellent le raisonnement et les chercheurs de la mémoire, la « mémoire de travail ».

Figure 1.8 – Les mathématiques nécessitent une grande variété de zones du cortex, et même sous le cortex (synthèse d'après Dehaene, 2003, et sources diverses)

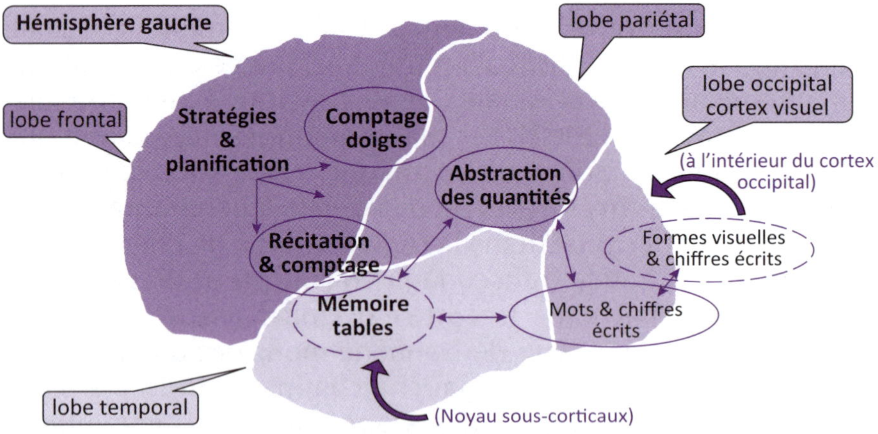

(remarque : par souci de simplification, seul l'hémisphère gauche (qui parle) est représenté mais d'autres zones de l'hémisphère droit sont actives, notamment au niveau pariétal)

Parmi différentes études, la neurologue Sandra Witelson et sa collègue Debra Kigar de l'université d'Hamilton au Canada découvrent, par comparaison avec leurs « archives » de cerveaux, que la scissure de Sylvius qui fait habituellement une dizaine de centimètres, est très courte dans le cerveau d'Einstein, écourtée en quelque sorte par un accroissement du cortex pariétal inférieur. Pour la petite histoire, Sylvius était le pseudonyme de Jacques Dubois, médecin et anatomiste français à l'époque de François Ier…

Figure 1.9 – Le cerveau d'Einstein est différent d'un cerveau normal : la scissure de Sylvius est beaucoup plus courte impliquant un accroissement de la zone pariétale, zone impliquée dans les maths et l'abstraction spatiale (adapté d'après *Brain and Mind*)

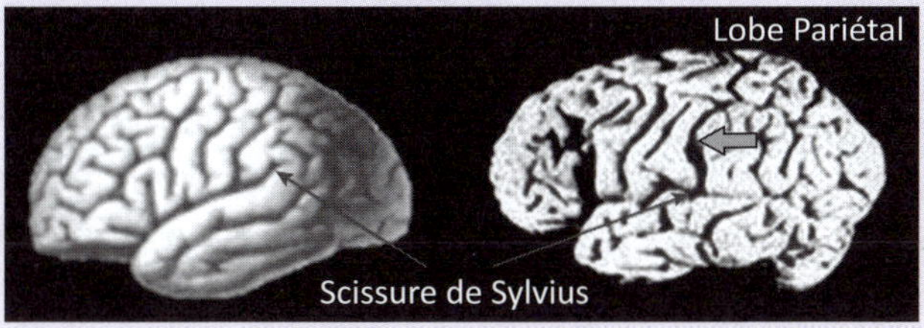

Cerveau normal **Cerveau d'Einstein**

Or le cortex pariétal est impliqué dans différentes capacités mathématiques, les quantités, le sens des nombres et aussi la localisation spatiale. De la localisation spatiale à la géométrie dans l'espace, il n'y a qu'un pas et l'on sait qu'Einstein a expliquée la gravitation par une courbure de l'espace-temps, bref une explication géométrique contrairement à une autre théorie en termes de gravitons, particules « collantes » qui attirent les corps.

16 Les jumeaux ont-ils la même intelligence ?

Les jumeaux fascinent par leur ressemblance depuis l'Antiquité. Chacun sait qu'il existe deux sortes de jumeaux, les vrais et les faux. Le petit bébé est issu d'un embryon qui lui-même est issu d'un œuf (appelé zygote en biologie), résultat de la fécondation de l'ovule de la maman et du spermatozoïde du papa, donnant ainsi 23 chromosomes maternels et 23 chromosomes paternels, ce qui fait les 46 chromosomes habituels de l'être humain normal. L'œuf peut parfois se dédoubler, donnant deux œufs identiques avec les mêmes chromosomes et donc deux êtres semblables, appelés «clones» en biologie. Les vrais jumeaux (ou jumeaux monozygotes, ou MZ) sont donc parfaitement semblables car issus du dédoublement du même œuf. À l'inverse, il se peut que deux ovules soient fécondés en même temps par deux spermatozoïdes différents, et deux bébés peuvent ainsi naître en même temps. Étant donné qu'ils sont issus de deux ovules et spermatozoïdes différents, ils seront en partie semblables car issus des mêmes parents. Par exemple, l'ovule peut contenir le brin A (il y a deux brins par chromosome mais un seul dans l'ovule ou le spermatozoïde) du chromosome 1, qui vient du grand-père maternel, tandis qu'un autre ovule peut contenir le brin B (qui vient de la grand-mère maternelle), c'est la raison pour laquelle les enfants ont parfois des traits de ressemblance avec les grands parents ou les oncles et tantes. Bref, dans le cas des faux jumeaux (ou dizygotes, ou DZ), c'est la grande loterie des chromosomes : ils se ressemblent autant que de simples frères et sœurs mais pas plus.

De très nombreuses études ont été réalisées sur les jumeaux, véritables clones naturels, et ces études montrent que les vrais jumeaux ont une intelligence très ressemblante, puisque la corrélation entre leurs QI est de 0,85, ce qui est très élevé.

Mais parmi ces nombreuses recherches, celles de l'École de médecine de l'université de Louisville sont extraordinaires. Commencé par Falkner en 1957, un programme systématique d'étude des jumeaux de la région comprend des visites et des tests à des périodes régulières depuis la naissance. Ce programme continué par Vandenberg, puis Ronald Wilson (1983), porte sur environ 500 paires de jumeaux âgés de 3 mois à 15 ans. Les jumeaux sont testés tous les 3 mois la première année, annuellement jusqu'à 9 ans et un examen final est fait à l'âge de 15 ans. Les jumeaux sont identifiés comme MZ et DZ sur la base de 22 antigènes du sang, sauf bien entendu lorsque les jumeaux sont de sexe différent, ce qui prouve qu'ils sont DZ.

Figure 1.10 – Évolution des corrélations en fonction de l'âge et du degré de parenté (simplifié d'après Wilson, 1983)

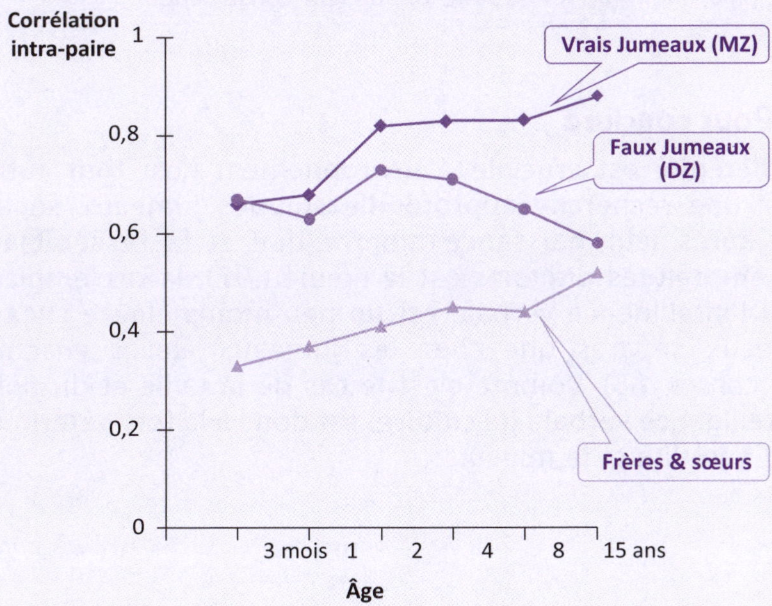

☛

Les résultats sont spectaculaires pour les MZ puisque les corrélations ne cessent d'augmenter de .66 à l'âge de 3 mois jusqu'à .88 à 15 ans. Les jumeaux DZ offrent un tableau nettement différent puisque les corrélations sont aussi fortes à 3 mois, mais déclinent vers 4 ans pour atteindre la corrélation d'environ .50 entre les frères et sœurs. La forte ressemblance entre tous les jumeaux (vrais ou faux) au début de la vie est donc due au milieu, utérin et à la naissance, ce qui n'est pas le cas de frères et sœurs, nés à des dates différentes. Mais le développement des jumeaux suit des voies différentes, les MZ se ressemblant entre eux de plus en plus tandis que les corrélations entre DZ convergent vers les corrélations entre frères et sœurs. Les généticiens y voient l'effet d'une « pression génétique », les gènes exerçant leur rôle de commande dans la fabrication des molécules qui entreront dans la fabrication des constituants élémentaires du cerveau (protéines, neurotransmetteurs...), un peu comme deux maisons qui seraient construites à partir d'une photocopie d'un plan ; les artisans, ne travaillant pas à la même vitesse, les maisons vont se ressembler de plus en plus au fur et à mesure de leur construction.

Pour conclure

Si l'hérédité est cruciale, l'environnement l'est tout autant. Ainsi une recherche approfondie sur des jumeaux séparés peu après leur naissance montre que si la ressemblance des empreintes digitales est la même (.97), la ressemblance pour l'intelligence verbale est un peu moins élevée chez les jumeaux séparés que chez les jumeaux élevés ensemble (.64 contre .88), comme c'est le cas de la taille et du poids. L'intelligence verbale (la culture) est donc à la fois déterminée par l'hérédité et le milieu.

17 Où se trouve le gène de l'intelligence ?

Le fait que l'intelligence soit héréditaire est souvent interprété par l'idée qu'il y aurait un gène de l'intelligence. Il se peut en effet qu'un gène permette une facette intellectuelle déterminante, par exemple d'organiser plusieurs sons entre eux (voir conclusion) ou de mémoriser plus vite grâce à des mécanismes d'enregistrement au niveau du neurone (récepteur NMDA sur le chromosome 9). Le gène CHRM2, sur le chromosome 7 pourrait être lié au raisonnement logique et à l'abstraction sur des formes spatiales. Mais le phénomène des anomalies génétiques montre qu'il peut s'agir de mécanismes très basiques entraînant un très bon ou un très mauvais fonctionnement général. Ainsi, la maladie génétique la plus connue dans le domaine de la déficience mentale est le mongolisme ou syndrome de Down. Les études biologiques ont montré que le mongolisme est associé à un nombre anormal de chromosomes, 47 au lieu de 46. C'est la paire n° 21 (les chromosomes vont par deux et sont numérotés de 1 à 23 des plus grands aux plus petits) qui comprend cette fois 3 chromosomes. En raison de cette particularité, on appelle aussi cette déficience la trisomie 21. Outre des déficits physiologiques, la déficience mentale est en général très grave puisque le QI moyen dans une étude portant sur 474 sujets trisomiques est de 60 à 3 ans et 35 à 15 ans.

Des recherches neurobiologiques permettent de comprendre certains des mécanismes déficitaires. Un chromosome est constitué de séquences chimiques d'ADN, séquences qui sont les plans pour fabriquer certaines molécules ; ces séquences sont appelées sous-bandes et sont également numérotées. Ainsi, la sous-bande numérotée 21-22 du chromosome 21 contient les gènes qui fabriquent un enzyme impliqué dans le métabolisme de l'oxygène ; mais un excès de ces dérivés de l'oxygène est très dangereux car ils se fixent n'importe où, ce sont les « radicaux libres », connus des magazines féminins parce qu'ils produisent le vieillissement des cellules et, entre autres, des cellules de la peau. Or les enfants trisomiques vieillissent terriblement vite et certains chercheurs ont noté des ressemblances entre ce vieillissement accéléré et la maladie d'Alzheimer. D'autres recherches indiquent que les bandes 21-22 contiennent également un gène dupliquant le précurseur d'une protéine (appelée A4), jouant un rôle dans la régénération des membranes cellulaires. Or cette protéine est en excès dans le cerveau des sujets trisomiques et dans la démence de type Alzheimer, et ce trop-plein « bouche » les espaces entre les neurones, empêchant leurs transmissions.

Un deuxième cas de déficience est connu sous le nom d'oligophrénie phénylpyruvique (ou phénylcétonurique), oligophrénie voulant dire « petit esprit ». Un seul gène est ici responsable d'une déficience mentale profonde. Ce gène altère la production d'un enzyme de transformation d'un acide aminé, la phénylalanine en un autre acide aminé, la tyrosine ; les acides aminés, au nombre de vingt, sont les constituants élémentaires des protéines, qui sont les briques avec lesquelles sont fabriqués les os, les muscles, le système nerveux, etc. Or, la tyrosine est le précurseur de deux neurotransmetteurs essentiels du cerveau, la dopamine et la noradrénaline. Le cerveau ne peut donc plus fonctionner normalement, un peu comme si l'on coupait l'électricité d'une maison. On voit donc comment l'intelligence est déterminée par l'hérédité mais pourquoi il n'existe pas en soi de gène de l'intelligence. En effet, les gènes ne fabriquent que des constituants élémentaires. Mais certains constituants élémentaires, comme l'électricité d'une maison, participent à tellement de choses que la privation d'un seul constituant peut aboutir à un dysfonctionnement général.

Pour conclure

Mais dans certains cas, un gène pourrait déterminer directement un fonctionnement intellectuel. Ainsi des orthophonistes avaient constaté que dans une famille anglaise, les «KE», la moitié des membres de la famille étaient affectés par de graves troubles du langage articulé, sur trois générations. Après quatre ans de recherche, les généticiens de l'université d'Oxford (Anthony Monaco) ont fini par identifier le gène responsable sur le chromosome n° 7, qu'ils ont appelé FoxP2 (pour *forkhead box P2*, car la tête du gène est fourchue).

L'homme de Néandertal possédait déjà le gène FoxP2 de l'homme actuel et ainsi devait parler...

Depuis quand l'homme parle-t-il? C'est la découverte du gène FoxP2 qui a permis de remonter la piste... Car si les chimpanzés ne peuvent articuler, ce serait à cause d'une forme différente du gène FoxP2 alors qu'il se trouve présent chez des espèces qui chantent comme les canaris ou qui parlent, comme le perroquet. Des équipes, dont l'Institut de génomique fonctionnelle de Lyon, ont trouvé sur des os bien conservés d'hommes de Néandertal que le gène FoxP2 était bien là et présentait les mêmes mutations (permettant d'articuler) que celles de l'homme actuel. L'origine de la parole daterait donc de l'homme de Néandertal (250 000 à 30 000 ans).

18 L'homme préhistorique était-il intelligent ?

Les hommes préhistoriques étaient-ils intelligents ? Dans la boutade de Binet, le créateur du premier test, « l'intelligence, c'est ce que mesure mon test », la réponse serait non. Les premiers Homo Sapiens, il y a quelque 50 000 ans, avaient la même capacité crânienne que la nôtre, ce qui montre que les performances intellectuelles de l'individu actuel ne sont dues qu'à l'environnement[1]. Langage, lecture, mathématiques, etc., sont le produit de longs apprentissages au cours des millénaires, transmis par l'éducation familiale, scolaire, sociale...

1. Par rapport à des précédentes éditions, j'ai abandonné le thème des enfants-loups, comme preuve de la nécessité d'un environnement riche, depuis les contacts avec le Dr Serges Arolles, qui a montré dans son livre *L'Énigme des enfants-loups* qu'il s'agissait le plus souvent d'une dramatique supercherie, avec des enfants abandonnés que des escrocs obligeaient à marcher à quatre pattes, à coups de bâton, pour extorquer de l'argent aux touristes, comme les tristement célèbres Amala et Kamala.

Un psychologue américain, Harold Skeels, de l'Institution de recherche sur la protection de l'enfant en IOWA, a démontré l'influence essentielle d'un environnement favorable. Son étude est partie de l'observation que le QI d'enfants laissés en orphelinat dès l'âge de 16 mois diminuait tragiquement de 90 à 60 à l'âge de 4 ans. Suspectant le rôle défavorable de l'environnement dans l'orphelinat, il constitua un groupe expérimental d'enfants, délaissés et déficients, dont le QI moyen était de 65 au même âge de 16 mois. Le groupe contrôle de QI moyen (90 à 16 mois) a donc été laissé à l'orphelinat pendant que les enfants du groupe expérimental étaient envoyés dans une école spécialisée, pour enfants déficients, disposant d'un personnel qualifié. Le niveau intellectuel de ces enfants a dès lors très vite progressé, atteignant à l'âge de 3 ans un QI presque normal de 93. Mais dans le même temps, le QI des enfants laissés à l'orphelinat baissait jusqu'à 60 à l'âge de 4 ans. L'environnement cognitif et social est donc décisif.

L'environnement modèle-t-il pour la vie les capacités de l'individu ?

Pour le savoir, ce même psychologue s'est lancé dans une recherche des enfants… 20 ans après. Comme il le dit lui-même, les vertus d'une étude longitudinale sont la flexibilité et la ténacité. Dans un style qui n'est pas loin d'un roman policier, il raconte sa recherche des enfants : « Le 20 octobre 1961, je m'arrête à Bradshaw (les noms des personnes et des villes sont changés) 355 habitants, pour essayer de trouver la famille Ted Mitchell. Leur fille, Ruth, est une des 13 enfants du groupe expérimental et le dernier contact date de 1941… » Il se rend à la poste ; l'employée ne connaît pas l'adresse mais pense que le dentiste se rappellerait peut-être cette famille. Le dentiste le renvoie à des fermiers voisins des Mitchell ; l'un des fermiers du voisinage lui déclare que les Mitchell ont divorcé mais que Ruth serait restée en contact avec une Mrs Marshall. La fille de celle-ci était une amie d'une des sœurs de Ruth qui s'est mariée à un certain Ralph

☛

Strand résidant à Des Moines. Il est localisé par l'annuaire et dès lors la recherche est plus facile… Les résultats montrent sans ambiguïté que les conséquences d'une éducation déficiente sont catastrophiques et définitives. Les enfants élevés dans le centre spécialisé (à l'orphelinat, ils étaient déficients) ont finalement eu un niveau de scolarité normal, sont socialement intégrés, mariés, avec un métier et un salaire correspondant à la moyenne de cet état. À l'inverse, les jeunes enfants laissés en orphelinat, qui avaient un niveau intellectuel normal au départ, sont devenus plus tard des inadaptés sociaux avec un niveau éducatif très bas, une profession non qualifiante (trois d'entre eux travaillent simplement à la plonge), non mariés et avec des salaires misérables ; un seul est parvenu à avoir une bonne situation (imprimeur). Les conditions d'éducation déterminent donc de façon définitive le statut intellectuel et social de l'individu…

Pour conclure

L'influence de l'environnement (ou milieu) sur l'intelligence est très variée. Il existe des facteurs biologiques comme l'alimentation (voir plus loin) mais aussi des facteurs psychologiques concernant les stimulations sensori-motrices, linguistiques, affectives et sociales. Dans le développement pendant la petite enfance, le rôle des attitudes parentales, du niveau socio-économique, des cultures sociales et ethniques, du milieu cognitif et culturel, sont essentiels. La qualité des soins est évidemment primordiale : un psychologue cite le cas de l'empoisonnement d'un bébé dont la tétine percée avait été « réparée » avec de la colle pour pneus de vélos…

L'environnement culturel est certainement constitué en très grande partie par la famille et l'école, la famille jouant un rôle déterminant pour les stimulations précoces et l'acquisition du langage, l'école étant le lieu privilégié des acquisitions intellectuelles, la lecture, les matières scolaires. André Flieller interprète ainsi l'amélioration des performances des jeunes dans les tests (effet Flynn) par une scolarisation massive, la scolarisation au collège étant passée de 60 % en 1967 à 90 % en 1993... Quant au baccalauréat, le pourcentage d'une classe d'âge obtenant le diplôme est passé de 3 % en 1936 à 60 %[1] à partir de l'an 2000.

19 Faut-il faire faire de la gymnastique à son cerveau ?

Maria Montessori, médecin (1870-1952), suspecte dès la fin du XIXe siècle que les enfants des quartiers pauvres sont «débiles» par manque de stimulations. Connaissant les travaux du Français Jean Itard sur les sourds-muets, à l'époque napoléonienne, elle crée une école d'orthophrénie et développe des maisons d'enfants dans des quartiers insalubres. Elle innove en instaurant des stimulations multi-sensorielles, avec des formes, objets, couleurs, sens variés.

L'expérimentation animale a permis d'analyser ces phénomènes et en particulier de mettre en évidence que les stimulations ont un rôle décisif dans le développement à l'intérieur de certaines périodes, c'est la notion de période critique. Chez le chat, dont le système perceptif est physiologiquement voisin du nôtre, la privation sensorielle totale (paupières cousues) entraîne des dégénérescences nerveuses irréversibles, les chats restent aveugles. La privation peut être spécifique et les cellules du cortex ne réagissent pas (enregistrement par micro-électrodes) pour des lignes horizontales si les chatons

1. Et non 80 % comme on l'entend souvent ; le 80 % correspond au pourcentage de reçus parmi les élèves qui se présentent, ce qui n'est pas la totalité d'une classe d'âge, voir www.education.gouv.fr/.

sont élevés dans un univers de verticales. La période critique se situe pour la vision entre la 3e semaine et le 3e mois. Des recherches biochimiques ont permis de découvrir qu'une grosse protéine serait en cause, les chercheurs l'ont appelée « MAP » (carte) : synthétisée dans la rétine par l'effet des stimulations lumineuses. MAP voyage au sein des câbles du nerf optique pour délivrer des messages de construction nerveuse.

Dans cette lignée, d'autres recherches sur la biologie du cerveau démontrent que des changements profonds se déroulent en fonction des stimulations précoces, comme les travaux sur l'environnement enrichi et l'environnement appauvri.

Mark Rosenzweig de l'université de Californie raconte l'origine de cette découverte : dans les années cinquante, les chercheurs de son laboratoire tentaient d'établir une corrélation entre les différences individuelles des rats dans les résolutions de problèmes et un enzyme du cerveau, l'acétylcholinestérase, enzyme régulateur qui détruit l'excédent d'acétylcholine, un neurotransmetteur très important. Or, les mesures ont indiqué que l'activité de l'enzyme était plus importante dans le cerveau, surtout dans le cortex notamment occipital (visuel), pour les rats qui avaient servi dans les expériences de résolution de problèmes. Cette découverte a conduit Rosenzweig et ses collègues à constituer des environnements différents pour l'élevage des rats. Sachant que l'environnement d'élevage standard est une petite cage avec un biberon d'eau pour trois rats, on constitue un environnement appauvri en élevant un rat seul dans ce type de cage et un environnement enrichi par une grande cage avec 12 rats, des objets différents (échelle, roue...) changés chaque jour ; la nourriture et l'eau sont fournies en permanence. Les rats ayant été élevés de 4 à 10 semaines dans cet environnement enrichi ont des cerveaux qui présentent des différences par rapport à ceux des rats élevés en milieu appauvri : le cortex cérébral est plus lourd et plus épais, l'activité d'enzymes est plus grande (cholinestérase et acétylcholinestérase), les cellules gliales (cellules nourricières des neurones) sont plus nombreuses. Toutes ces recherches attestent de l'extrême importance des stimulations précoces.

Pour conclure

Depuis ces études, les environnements des établissements pour enfants sont enrichis sur le plan des formes et des couleurs. Peintures voyantes et variées, affiches, jouets agrémentent désormais les crèches et les services hospitaliers pour enfants… Plus tard l'environnement familial et surtout l'école constituent les meilleures sources de stimulation du cerveau.

20 Stimulez vos neurones… oui, mais lesquels ?

Stimuler ses neurones pour améliorer le cerveau est donc essentiel, cela ne fait aucun doute. Oui, mais comment? Surfant sur la peur du vieillissement et de la maladie d'Alzheimer, de nombreuses méthodes promettent de muscler, grossir ou rajeunir le cerveau. Avec la vogue des jeux vidéo, le Dr Kawashima propose des exercices pour stimuler le cerveau avec la prétention d'obtenir un cerveau de 20 ans. Conçu sur le modèle marketing de la crème antirides, le matraquage publicitaire aide à sa diffusion : spots à la télévision, double page dans des magazines féminins. Mais pour de nombreuses méthodes, les exercices restent très classiques, calcul élémentaire, figures géométriques à mémoriser… ou parfois, des adaptations de tests psychologiques. De telles méthodes sont-elles efficaces ?

Une recherche a été lancée pour évaluer la méthode Kawashima et la Cérébrale Académie (*Big Brain Academy*) sur la console de jeux vidéo Nintendo DS, par rapport à de simples jeux papier-crayon de magazines pour enfants (*Mickey Jeux*) et un groupe contrôle qui ne pratique aucune méthode (Sonia Lorant-Royer, Véronika Spiess, Julien Goncalvez et Alain Lieury, 2008). L'expérience compare quatre groupes d'élèves de CM1 (environ 10 ans). Les deux premiers groupes bénéficient d'un entraînement pendant 11 semaines, soit près de trois mois (à raison d'une heure par semaine, ce qui équivaut aux dix minutes préconisées par Kawashima). Un prétest et un post-test sont utilisés avec trois épreuves de type scolaire : sciences de la vie et de la Terre, géographie et des épreuves de calcul. Et pour mesurer si de tels programmes rendent plus « intelligent », trois subtests d'un test célèbre et récent ont été utilisés (WISC-IV, 2005) : le « test des matrices », qui est un bon test de raisonnement ; « la mémoire des chiffres », test classique de mémoire à court terme, et « symboles », qui est un test d'attention visuelle.

D'une façon générale, les méthodes d'entraînement ne sont pas assez spécifiques pour un transfert sur des épreuves de type scolaire : les résultats sont nuls (– 3%) pour les sciences de la vie et de la Terre ou négatifs (– 17%) pour la géographie. Pour l'épreuve de calcul, les résultats sont faibles, + 19 %, et les groupes papier-crayon et contrôle font autant (19 % et 18 %). Au total, il ne s'agit que d'une simple familiarité aux tests (grâce au prétest).

Voilà donc pour les épreuves de type scolaire. Mais les jeux vidéo de stimulation cognitive rendent-ils plus intelligents sur des épreuves à contenu non scolaire ?

Tout d'abord, le test des matrices a une valeur de référence quant à la méthode Kawashima qui prétend rajeunir le cerveau, puisque les matrices sont un très bon test de raisonnement. Or il n'y a aucune progression pour l'Entraînement cérébral (0,6 %, figure 1.11).

Figure 1.11 – Progression (ou baisse) des scores à des tests (%) en fonction des deux méthodes sur jeux vidéo, le jeu papier-crayon ou le groupe contrôle (d'après Lorant-Royer, Spiess, Goncalvez et Lieury, 2008)

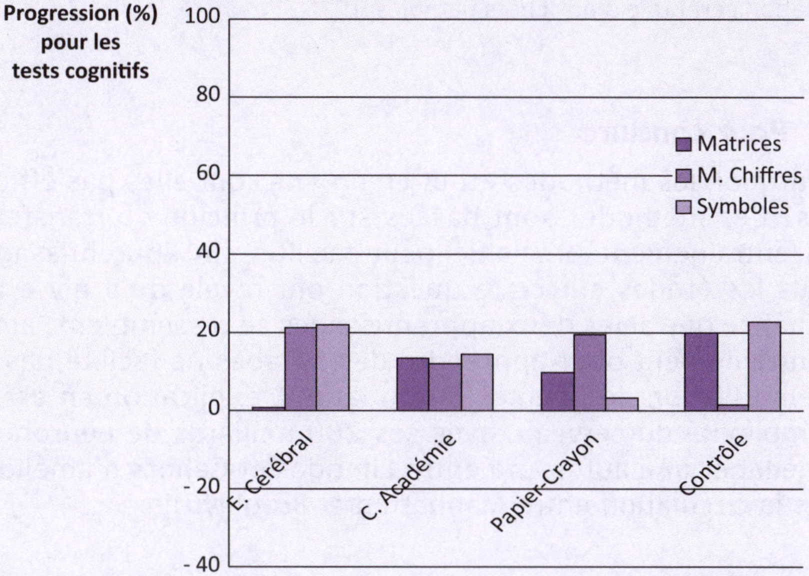

Pour la mémoire des chiffres, le programme Kawashima montre une progression de 20 %. C'est positif, mais il ne fait pas mieux que les jeux papier-crayon. On attendait également avec un grand intérêt les résultats sur le test des « symboles », qui est un test d'attention visuelle. S'inspirant de tels tests, Kawashima propose plusieurs jeux d'attention, également très bien adaptés sur la petite console, comme le célèbre test de Stroop et un exercice mal dénommé « Chiffres » (mais très joli), où le joueur doit compter le nombre de chiffres correspondant à un paramètre, par exemple, le nombre de chiffres jaunes qui tournent ou qui se déplacent. De fait, l'Entraînementcérébral est efficace avec une progression de 20 % mais pas plus que le groupe contrôle, qui fait aussi bien en se tournant les pouces. Bref, insuffisant pour rajeunir notre cerveau comme le prétend la pub !!!

☛ En conclusion, les programmes des jeux vidéo ne sont que des jeux et rien de plus. Ils ne sont pas prêts de remplacer les programmes scolaires qui, par leur variété et leur durée, assurent une vraie stimulation cérébrale à nos chers bambins !!!

Pour conclure

Pourquoi, les méthodes « tout en un » ne sont-elles pas efficaces ? Ces méthodes sont basées sur le principe du transfert : un entraînement préalable peut faciliter un apprentissage. Mais les études sur cette question ont révélé qu'il n'y a un bénéfice que si les deux apprentissages se ressemblent ; ainsi l'entraînement pour apprendre des syllabes ne facilite pas la mémorisation de poèmes ou du latin. L'explication en est la complexité du cerveau, avec ses 200 milliards de neurones : aménager une autoroute entre Limoges et Cahors n'améliore pas la circulation entre Manhattan et Brooklyn !!!

21 Les jeunes d'aujourd'hui sont-ils plus bêtes… ou plus intelligents ?

Ah ! De mon temps, on savait plus de choses ? On ne peut plus dire ça depuis les études de Flynn. Non, pas Errol Flynn, le *Robin des Bois* du célèbre film en technicolor, mais James Flynn, pourtant originaire de la même région australe, la Nouvelle Zélande.

Ce chercheur a patiemment récolté les scores obtenus, dans les tests d'intelligence, par différentes générations sur 35 pays. Les tests sont les grands classiques pour lesquels des données sont disponibles depuis leur création, soit parfois sur 30 ans. Les résultats sont spectaculaires puisque, d'une manière générale, les enfants et adolescents se montrent plus intelligents qu'autrefois. En Hollande, les jeunes de 18 ans en 1952 ont obtenu en moyenne un QI de 100 au test des matrices de Raven (QI = 100 en moyenne par construction) alors que la génération des 18 ans, trente ans plus tard, a obtenu un QI de 121, soit un gain de 21 points de QI. Les gains sont variables d'un pays à l'autre mais relativement importants. Cependant, grâce à ces comparaisons systématiques, Flynn remarque que les gains sont plus élevés pour les tests de raisonnement que pour les tests de connaissances (souvent verbal et maths). Par exemple en France, de 1949 à 1974, chez les recrues de l'armée (18 à 22 ans), le gain au test de Raven est de 25 (Girod et Allaume, 1976, cit. Flynn), de 9 points à un test verbal et 9,6 à un test de maths.

Le test de Wechsler permet cette comparaison du fait de sa double fonction, de test verbal et de test de performance. D'une façon générale, l'échelle de performance permet, comme le test de Raven, les plus gros écarts de QI (sur 30 ans) avec presque un point de QI gagné chaque année. En revanche, l'échelle verbale est moins sensible aux effets de génération, avec des écarts de 3 pour la France, mais jusqu'à 20 points pour l'Autriche et le Japon.

Tableau 1.9 – Gain en points de QI pour différents tests sur des périodes de 30 ans (ou plus) dans quelques pays (d'après Flynn, 1987)

	Wechsler Verbal	Wechsler Performance	Wechsler Total
France	3	19	11
États-Unis	8	10	9
Allemagne	12	28	22
Japon	20	22	25
Autriche	20	28	25

Globalement, on ne peut que se satisfaire de tels résultats, les enfants et adolescents sont de plus en plus intelligents. Sur le plan pratique de la psychométrie, ces résultats doivent inciter à la plus grande prudence car c'est par convention que le QI de 100 correspond à la moyenne du score d'une tranche d'âge. Or si le test n'est pas révisé, un enfant paraîtra plus intelligent qu'il ne l'est en réalité (par rapport à sa génération). Du fait de cette augmentation générationnelle, l'emploi d'une version ancienne d'un test peut faire croire à beaucoup de parents que leur enfant est un génie ; en effet, sur un plan pratique, Lewis Terman avait sélectionné pour étude les 2 % d'enfants les plus intelligents, ce qui correspondait à un QI de 130. Au Japon ou en Autriche, un enfant pourrait ainsi être considéré comme un génie (QI de 125) alors qu'il est dans la moyenne et qu'un test correctement révisé lui donnerait un QI autour de 100 !!!

À quoi est due cette amélioration de l'intelligence générale ? Le gain est sans doute dû à des causes variées comme une meilleure santé et alimentation (protéines, vitamines), comme on le voit dans l'augmentation de la taille (le cerveau en profite aussi). Mais sans doute doit-on ce phénomène plus encore à une culture plus complète, grâce à une scolarisation précoce et généralisée. André Flieller, de l'université de Nancy, qui a observé l'effet Flynn sur des tests inspirés de la théorie de Piaget (1987), note que la scolarisation au collège est passée de 60 % en 1967 à 90 % en 1993. Cependant, comme l'amélioration est plus importante dans les tests de résolution de problèmes (appelés aussi « tests de raisonnement ») que dans les tests de connaissances et de vocabulaire, on peut penser que l'éducation précoce aux jeux d'éveil à la maison ou à la crèche a un rôle décisif.

Ce qui influence peut-être le plus l'amélioration des tests de résolution de problèmes (tests de raisonnement ou de performance), ce sont les jeux vidéo. Par exemple, un jeu vidéo simple comme *Tétris* (faire tourner des blocs qui tombent pour les insérer dans des emplacements vides) nécessite une vitesse de détection, des rotations mentales et une vitesse de réaction qui sont nécessaires dans différents tests, par exemple les puzzles, les cubes de Kohs... De plus, les tests de raisonnement/performance sont souvent chronométrés.

☛

Ainsi Okagaki et Frensch (1996, cit. Greenfield, 1998) montrent une augmentation de performance sur ce genre de test après 6 heures d'entraînement sur *Tétris*. De même Patricia Greenfield (1998) trouve des améliorations grâce à des jeux vidéo variés qui, selon elle, améliorent le traitement de l'information imagée et les rotations mentales. On pourrait ajouter les jeux éducatifs, les magazines pour enfants (*Mickey Jeux*, etc.) qui comportent des jeux directement inspirés des tests, comme les rébus, le jeu des différences, les labyrinthes, les énigmes, etc.

Pour conclure

Enfin, il faut noter l'élargissement du domaine culturel produit par le développement extraordinaire des médias, télévision, livres... Autrefois, les programmes scolaires correspondaient à la culture d'un pays, les départements français, Louis XIV et Napoléon, Molière et Albert Camus. Mais depuis les années soixante, on assiste à une mondialisation de la culture de sorte que des œuvres étrangères, comme *Harry Potter* ou *Le Seigneur des anneaux*, sont plus lues que *Les Précieuses ridicules* ou *Les Misérables*; le phénomène est encore plus flagrant dans le domaine du cinéma, des séries télévisées et de la musique. Si bien que les jeunes ont certainement une culture qui va au-delà de ce qui est évalué d'après les programmes scolaires.

Les anciens ne peuvent plus dire «de notre temps, on était meilleur»!!!

22 Le contenu de votre assiette fera-t-il de vous un prix Nobel ?

Les nombreux facteurs physiologiques, nutrition, vitamines, hygiène, alcoolisme et le tabagisme de la mère pendant la grossesse, etc., sont évidemment déterminants pour le développement intra-utérin, le développement pendant la petite enfance et pendant la maturation dans le développement ultérieur. De nombreuses recherches ont été faites sur les effets de la malnutrition chez l'animal, notamment chez le rat, et montrent un mauvais développement du cerveau, neurones moins gros, moins de ramifications vers d'autres neurones... Si certains effets peuvent être compensés par une meilleure nutrition par la suite, des dommages semblent subsister notamment au niveau de l'hippocampe (structure du cerveau indispensable à la mémorisation).

En Afrique, la malnutrition produit des maladies spécifiques qui ralentissent fortement le développement intellectuel. Un certain nombre d'études ont été menées avec les organismes internationaux.

En Amérique Centrale, un très vaste projet a été conduit dans quatre villages du Guatemala par l'INCAP (Institute of Nutrition of Central American and Panama) sur 636 enfants avec un suivi scolaire et sur différents tests au bout de 8 ans (de 1969 à 1977). Deux types de rations supplémentaires sont testés, toutes deux contenant des vitamines et sels minéraux, mais l'une riche en protéines, Atole (ressemblant à une boisson chocolatée), et l'autre, Fresco (ressemblant à une boisson fraîche), ne contenant pas de protéines. Les résultats indiquent un effet du supplément en protéines (Atole) sur différents tests, test de raisonnement (matrices de Raven), tests d'arithmétique, de connaissances, l'effet le plus marquant étant sur le vocabulaire. En fonction du niveau socio-économique, les effets nutritifs agissent seulement sur les enfants de catégories défavorisées ou moyennes, ce qui est interprété par le fait qu'il n'y a pas d'effet de malnutrition chez les classes plus élevées. Par ailleurs, on constate que les effets d'une meilleure nutrition sont d'autant plus efficaces que le niveau scolaire augmente (école primaire). Sachant par ailleurs que des acides aminés (provenant des protéines) sont les précurseurs de neurotransmetteurs (la tyrosine est le précurseur de la dopamine et de la noradrénaline et le tryptophane est le précurseur de la sérotonine...), on comprend les effets négatifs de la malnutrition sur le développement intellectuel. Ce problème ne concerne évidemment pas que les pays moins développés, il existe encore de très nombreuses familles qui souffrent de malnutrition dans les pays au niveau économique élevé.

Les lipides (graisses) sont également nécessaires et assurent l'étanchéité des cellules et l'isolation électrique des neurones ; certes dans nos pays riches, c'est l'excès qui est nuisible plutôt que le manque mais gare aux jeunes filles, qui, pour ressembler aux mannequins brindilles, seraient tentées par des régimes draconiens. Même remarque pour les glucides (sucres), l'excès est plutôt la norme dans nos pays, mais le glucose étant le carburant du cerveau (comme des muscles), attention aux régimes trop sévères. On fait moins attention aux vitamines, qui sont absolument nécessaires au bon fonctionnement de notre organisme et sans s'en gaver, comme dans certains pays, il est bon de surveiller son alimentation, voire de prendre, sous contrôle du médecin, un supplément vitaminique. Ainsi, un des principaux désordres occasionnés sur la mémoire par l'alcool est dû au dérèglement des mécanismes de la vitamine B1, indispensable à l'hippocampe. En Australie, c'est le comble : étant donné les fortes consommations en bière des jeunes Australiens, certains médecins pensent sérieusement à suppléer la bière en vitamine B1. Grave non ?

Pour conclure

Quant aux médicaments qui feraient du bien, ils ne sont pas encore connus. Des publicités sont faites pour des substances qui ne sont pas classées dans les médicaments et qui sont vendues dans les supermarchés ou même dans les pharmacies. Mais il faut savoir que les sociétés de fabrication ont l'obligation de faire la preuve de l'efficacité des substances auprès d'une agence ministérielle seulement pour les produits appelés médicaments, pas les autres. Par exemple certains produits présentés dans des rayons diététiques contiennent des lécithines censées améliorer la mémoire mais qui sont naturellement contenues dans les œufs et le chocolat et qui par ailleurs donnent du cholestérol. D'autres produits sont des stimulants et peuvent présenter des dangers pour l'organisme, par exemple un produit couramment utilisé par les étudiants contient une forte concentration de caféine ; ce produit agit donc contre le sommeil et peut avoir des répercussions cardiaques, etc. D'autres, comme les somnifères, provoquent des baisses de mémoire ou de l'attention. Au total, il ne faut rien prendre qui ne soit dans l'alimentation ordinaire sans le conseil de votre médecin. Car certaines substances peuvent empoisonner l'intelligence. Ainsi, un examen psychologique très complet (voici aussi à quoi servent les tests) a révélé des scores inférieurs à des tests chez des enfants de quatre à six ans intoxiqués au plomb pour avoir mangé des poissons du lac Michigan (près de nombreuses usines). Des sociétés avancées peuvent aussi empoisonner l'intelligence...

2 La mémoire

Sommaire

23 Souvenirs, souvenirs…

« Souvenirs, souvenirs », comme chantait Johnny Halliday dans une de ses premières chansons… Qui n'évoque pas, avec une certaine nostalgie, ses souvenirs de jeunesse, voire, plus loin encore, ses souvenirs d'enfance ? Mais les souvenirs deviennent rares lorsqu'on remonte dans le passé pour arriver à un véritable trou de mémoire dans les premières années comme le montre la première enquête faite par Victor et Catherine Henri (1896). En moyenne, les souvenirs les plus anciens des adultes sont datés, lorsqu'on peut les vérifier, entre trois et quatre ans. L'explication réside dans la construction de la mémoire et du langage comme le suggère fortement la recherche minutieuse de Waldfogel (1948).

L'enquête a été menée sur 124 étudiants des deux sexes auxquels il avait été demandé d'évoquer leurs souvenirs d'enfance jusqu'à 8 ans, leur âge au moment du souvenir, ainsi que l'évaluation du caractère « plaisant ou déplaisant » du souvenir. Au total, 6 486 souvenirs ont été rapportés, soit en moyenne 52,3 par sujet quel que soit le sexe. L'âge moyen du premier souvenir se situe entre 3 et 4 ans, ce qui confirme les enquêtes précédemment citées.

Figure 2.1 – L'évocation des souvenirs d'enfance (simplifié d'après Waldfogel, 1948)

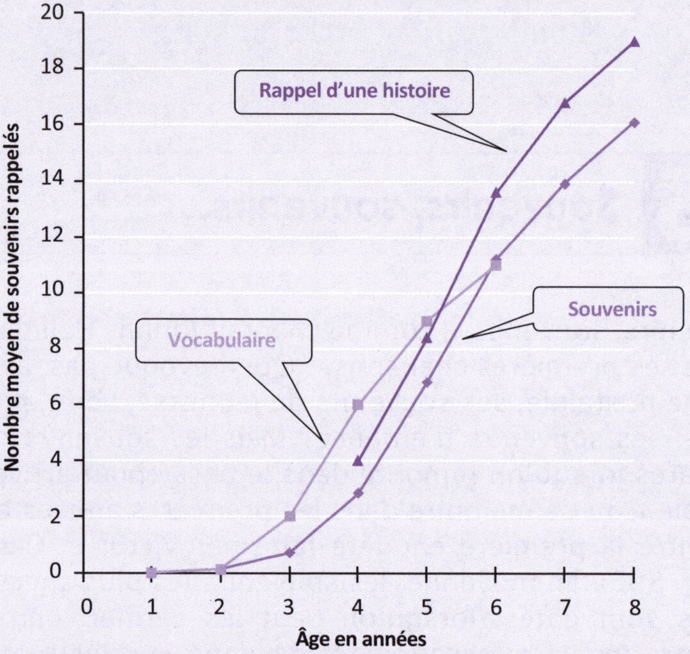

(Remarque : le maximum pour le vocabulaire est de 2 400 mots ; le maximum pour le rappel du récit est de 45 items rappelés)

Waldfogel a comparé l'évolution des souvenirs d'enfance avec l'évolution du nombre de mots connus par l'enfant (vocabulaire) et également avec le développement de la mémoire de récit dans un test qui consiste à raconter de mémoire une situation complexe (non précisée par l'auteur). On constate que l'évolution des souvenirs est parallèle à la mémoire de récit à partir de 4 ans et strictement parallèle au développement du vocabulaire de 1 à 7 ans.

Pour conclure

Ces résultats confirment bien que l'évolution des souvenirs est fonction du développement général de l'enfant et en particulier que l'amnésie infantile se produit à une période où l'enfant ne dispose pas d'éléments de représentation linguistique. Pour raconter un souvenir, il faut les mots pour le décrire. Comme je racontais la guerre de Troie à des enfants, l'un d'eux me demanda ce qu'était le « talon de la Chine » pour le talon d'Achille. Dans une autre observation, une petite fille regardait *La Belle au bois dormant* de Walt Disney et dit au moment où le roi avait ordonné de brûler tous les rouets du royaume : « Pourquoi ils brûlent tous les vélos ??? »

Les légendes viennent sans doute de ces déformations, notamment dans la tradition orale : ainsi dans la version originale de *Cendrillon* de Charles Perrault, la pantoufle est en vair, c'est-à-dire en fourrure gris et blanc d'un écureuil. Mais par la tradition orale, la jolie pantoufle est devenue en verre comme dans le célèbre dessin animé…

24 Pourquoi se souvient-on mieux des souvenirs attachés à des émotions ?

Les souvenirs accompagnés d'une émotion forte sont souvent mieux retenus que les souvenirs d'épisodes plus banals ; on se souvient mieux des « premières », premier amour, remise de prix ou de médaille, pièce de théâtre, voyage à l'étranger. De même pour des événements sociaux chocs, susceptibles de bouleverser les vies individuelles, appelés « souvenirs-flashs » par Roger Brown et James Kulik (1977), de l'université de Harvard. Leur idée est que, de même que le *flash* met en lumière la scène photographiée, un événement public exceptionnel rehausse un événement personnel.

Leur recherche est inspirée par l'enquête d'une revue (type *Paris Match*) demandant à des personnalités ce qu'elles faisaient et où elles étaient lorsqu'elles ont appris l'assassinat du président Kennedy. Les souvenirs sont généralement très précis : « Julia était dans la cuisine et mangeait de la soupe », « Billy... était sur le court de golf », « Philippe faisait une course de rallye », etc. Le phénomène avait déjà été remarqué par Charles Blondel (1934), qui se rappelait avoir composé au concours général un lundi, Sadi Carnot ayant été assassiné un dimanche.

Les souvenirs *flashs* sont donc le souvenir des circonstances qui coïncident avec la nouvelle d'un événement public important. Ainsi dans l'enquête de Brown et Kulik, 39 Blancs (sur 40) et 40 Noirs (sur 40), ont un souvenir-flash pour l'assassinat de John Kennedy. Mais on voit l'importance politique de l'événement selon le groupe social dans le fait que les Noirs ont plus souvent un souvenir-flash pour l'assassinat de Martin Luther King ou de Malcom X, *leaders* noirs, et inversement pour la tentative d'assassinat de Gérald Ford (président américain) ou la mort du général fasciste espagnol Franco.

Par ailleurs, la longueur du récit est fortement corrélée (.80 à .90) avec l'importance qu'a eu l'événement public pour le sujet (mesurée sur une échelle d'évaluation). Brown et Kulik déduisent de leurs résultats que l'événement public ne donne lieu à un souvenir-flash que s'il déclenche, chez le sujet, un niveau émotionnel élevé.

Pour conclure

Le neurobiologiste américain Joseph Ledoux a montré que dans le cerveau, près de l'hippocampe qui permet l'enregistrement des choses nouvelles, est attachée une autre structure, l'amygdale (ne pas confondre avec les amygdales qui sont dans la bouche). L'amygdale a pour fonction de dire au cerveau si l'événement est bon (positif) ou mauvais (négatif). Lorsque l'événement suscite une émotion forte (comme la colère ou la peur...), des molécules spéciales sont envoyées à l'hippocampe, qui enregistre mieux. Ainsi des expériences sur des animaux de laboratoire (souris, rat) montrent que des apprentissages associés à des chocs électriques douloureux sont plus rapides que des apprentissages positifs (nourriture) et la mémoire est également plus durable. Pour la petite histoire, Joseph Ledoux est guitariste dans un groupe de rock scientifique, les Amygdaloids !!!

Sans en connaître la raison, c'est ce qu'avait appliqué le père de Sacha Guitry. Ce dernier racontait qu'après avoir rencontré Sarah Bernhardt à la fin d'une pièce, son père lui avait donné une grande gifle, sitôt sorti de la loge de la célèbre actrice : « C'est pour que tu te rappelles, mon fils, que tu as rencontré la grande Sarah Bernhardt... »

25 Vos souvenirs sont-ils toujours vrais ?

On a souvent tendance à avoir confiance dans ses propres souvenirs mais les problèmes commencent déjà lorsque l'on évoque, soit dans un couple, soit entre amis, des souvenirs concernant des événements vécus ensemble... les avis divergent très souvent. Et lorsqu'il s'agit d'enfants, ce n'est pas mieux évidemment, contrairement à l'adage qui veut que « La vérité sort de la bouche des enfants ». À l'initiative d'une chercheuse américaine, Elizabeth Loftus, de nombreuses recherches ont été faites pour essayer de comprendre l'origine des faux souvenirs mis sur le devant de la scène à cause de procès retentissants. Plusieurs cas ont ainsi défrayé la chronique. Beth Rutherford, dans le Missouri, a le souvenir d'avoir été violée par son père pasteur et qu'elle a été enceinte deux fois de son père. Mais alors que le père dut démissionner de sa charge sous le poids des accusations, les examens médicaux révélèrent que la jeune femme n'avait jamais été enceinte puisqu'elle était encore vierge... Elizabeth Loftus décrit ainsi plusieurs cas de patientes dont les faux souvenirs ont mis en accusation des innocents. Par exemple, encore, cette jeune aide-soignante convaincue, sous hypnose par son thérapeute, qu'elle a été embrigadée dans une secte satanique qui l'a poussée à manger des bébés...

Cette chercheuse avait déjà montré que les souvenirs pouvaient être largement déformés par des événements plus tardifs et notamment par des questions ultérieures. Ainsi, faisant voir des diapositives relatant un accident de la circulation, une voiture verte y apparaît, renversant un cycliste pour éviter un poids lourd. Si des questions sont du genre « Pourquoi la voiture bleue a-t-elle renversé le cycliste » et que plus tard, on demande la couleur de la voiture, plusieurs « témoins » disent qu'elle était bleue, alors qu'elle était verte. Une des raisons de ces faux souvenirs est que nous n'avons pas de mémoire photographique et que les souvenirs sont construits à partir d'éléments imagés et surtout d'éléments verbaux qui peuvent eux-mêmes se transformer en images ; cette construction évolue au cours du temps et peut se transformer en reconstituant des éléments manquants en fonction d'une meilleure logique de l'histoire, ou en agglomérant des éléments qui proviennent d'autres événements, comme dans des questions posées par un enquêteur ou un thérapeute.

Pour conclure

Ainsi d'autres chercheurs ont présenté à des sujets des histoires concernant leur enfance et racontées par leurs parents ;

mais à ces événements réels étaient ajoutés de faux, comme par exemple la venue d'un clown pour leur anniversaire. Lors d'un premier entretien, aucun sujet ne se rappelle cet événement rajouté mais, plus tard, lors d'un second entretien, 20 % des sujets se rappellent cet événement et rajoutent des détails, alors qu'il s'agit d'un faux souvenir. Cela dit, il faut un second entretien (donc que l'oubli s'installe) pour avoir 20 % des personnes qui fabulent et ce résultat signifie symétriquement que 80 % ont une bonne mémoire !!! Ainsi dans l'expérience initiale de Loftus, il y a erreur sur la couleur mais tous les sujets se rappellent bien l'accident...

26 Pourquoi faire du vélo ne s'oublie-t-il jamais ?

Il est vrai que, pour l'essentiel, les apprentissages sensorimoteurs, comme faire du vélo, nager, conduire, ne s'oublient jamais car ils dépendent d'un système de mémoire différent de celui qui s'occupe des connaissances, mots ou images.

Cette découverte vient de l'étude des jeunes malades ayant des lésions de l'hippocampe (blessures de guerre, etc.). L'hippocampe est une structure du cerveau nécessaire à l'enregistrement de toutes les informations nouvelles de la connaissance, mots, images, visages. Ces malades, privés de leur hippocampe, sont donc amnésiques et ne se rappellent plus le contenu du journal lu une heure auparavant, ou des personnes venues les visiter. Cependant, ces patients gardent les souvenirs antérieurs à leur blessure ou maladie. Des chercheurs ont découvert que ces patients pouvaient néanmoins mémoriser des apprentissages moteurs, mais sans s'en rendre compte consciemment.

Pour conclure

Un chercheur californien, Larry Squire a donc fait une distinction entre deux grands systèmes de mémoire, la mémoire déclarative, qui est la mémoire consciente des mots, images et visages et, par ailleurs, la mémoire procédurale, qui concerne la mémoire des habitudes motrices. Faire du vélo, conduire une voiture, nager... font donc partie de cette mémoire procédurale qui est rendue possible par d'autres systèmes du cerveau (corps striés) et notamment le cervelet, qui serait le siège des automatismes ; ces automatismes bien consolidés par des milliers de répétitions sont très solides et ne s'oublient quasiment pas.

Cependant, il ne faut rien exagérer et si l'on n'oublie pas comment faire du vélo ou comment nager, les performances baissent nettement avec le manque d'entraînement comme on s'en aperçoit avec des apprentissages plus sophistiqués comme le piano.

27 La mémoire de votre enfant est-elle meilleure que la vôtre ?

La plupart des gens pensent que la mémoire des enfants est meilleure que celle des adultes et les observations présentées à l'appui de cette idée sont multiples, la facilité à mémoriser des poèmes ou des chansons à l'école, la mémoire dans des jeux, tel le Memory..., mais dans ces observations, il n'y a pas de contrôle de l'âge, de la qualité du rappel, de l'entraînement de l'enfant. Si bien que les expériences sont nécessaires, et révèlent bien des surprises !

La première des surprises est que les petits n'ont pas une mémoire si terrible que cela. En effet les expériences de laboratoire ou à l'école montrent toutes, depuis un siècle, que plus l'enfant devient grand et meilleure est sa mémoire, les performances les plus importantes sont atteintes par les adolescents et jeunes adultes, entre 15 et 25 ans. Par exemple, une expérience de notre laboratoire, menée à l'école sur la mémoire des menus de la cantine, montre que le vendredi, les adolescents se rappellent avec une moyenne de 25 % le menu du lundi alors que les enfants de six à huit ans ne se souviennent que du menu de la veille… L'âge décisif semble se situer entre 9 et 11 ans car les différences à partir de cet âge avec les ados sont minimes (5 à 10 %).

Mais la deuxième surprise vient des découvertes récentes montrant que la mémoire n'est pas unique mais composée de modules ou mémoires spécialisés. Or l'évolution des aspects imagés et sémantiques est très différente, les capacités conceptuelles évoluent de manière très forte avec l'âge, passant de 40 % à 100 % de l'âge de 3 ans à 6 ans tandis que la mémoire des aspects perceptifs ou imagés est pratiquement stable. Ainsi s'expliquent rétrospectivement les paradoxes de nos souvenirs. Nous allons nous souvenir de « clichés » d'une maison, d'une vieille porte avec de la mousse, mais sans nous rappeler ce que nous faisions à cet endroit et avec qui (mémoire sémantique).

Les mémoires ne se développent donc pas à la même vitesse. Si bien que dans cette lignée, Sonia Lorant-Royer de l'université de Strasbourg, Céline Aufranc et moi-même avons comparé l'évolution de la mémoire pour différents tests visuels chez 122 enfants de 7 ans, 9 ans et 11 ans, et des jeunes adultes de 20 à 25 ans.

Cinq épreuves de mémorisation ont été testées : par exemple une épreuve de mémoire visuelle (ronds dans des cases d'un tableau), de mémoire visuospatiale (se rappeler le déplacement d'un pion dans une grille) et une épreuve ressemblant au jeu « Memory » (se rappeler la localisation sur une grille d'images). Les résultats principaux montrent que la plupart des tâches ont la même évolution (lente) mais la performance pour le Memory (images d'animaux ou d'objets connus) évolue très vite pour culminer chez les jeunes adultes. Si la mémoire des images se développe plus, c'est encore à cause du langage. Car les études sur la mémoire des images montrent que les images sont bien rappelées parce qu'on se dit leur nom mentalement (théorie du double codage), par exemple « c'est un perroquet », « c'est un train »... Dans l'ensemble donc, les mémoires « purement » visuelles ou visuospatiales augmentent peu avec l'âge. En revanche, la mémoire basée sur des connaissances verbales n'atteint son apogée qu'à l'âge adulte.

Figure 2.2 – Évolution différente de la mémoire visuospatiale et de la mémoire imagée (d'après Lorant-Royer, Aufranc et Lieury)

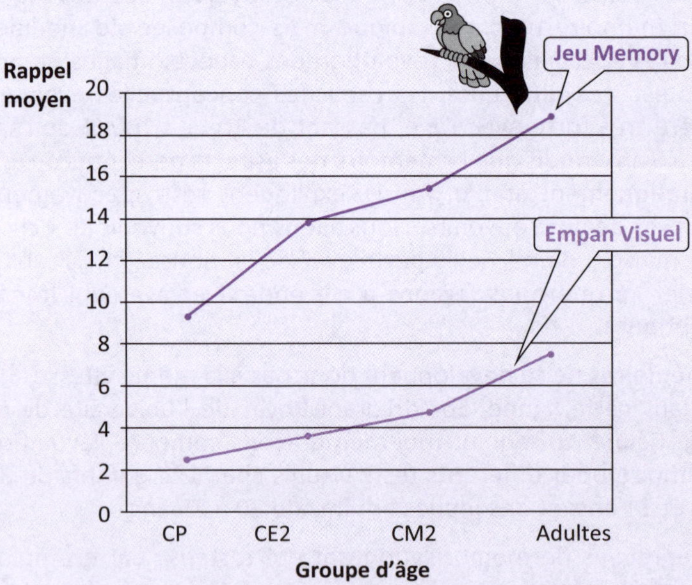

Mais si les performances psychologiques atteignent leur apogée entre 15 et 25 ans, de récentes découvertes montrent que la plasticité cérébrale est nettement meilleure avant l'âge de dix ans.

Dans une étude fascinante, des expériences d'imagerie cérébrale chez des violonistes montrent que la représentation corticale du petit doigt gauche (avec lequel le violoniste appuie sur la corde) et du pouce est beaucoup plus grande que chez des sujets contrôles qui n'ont jamais appris à jouer du violon. De plus, la grandeur de la zone cérébrale dépend de l'âge auquel les violonistes ont commencé leur apprentissage. L'estimation des auteurs révèle qu'il y aurait 80 000 dendrites activées contre 25 000 pour les non-violonistes. Les dendrites sont les prolongements d'entrée du neurone (un peu comme les racines d'une plante).

Figure 2.3 – Nombre de dendrites actives de la zone du petit doigt dans le cerveau chez des violonistes en fonction de l'âge d'apprentissage du violon (adapté d'après Elbert, Pantev, Wienbruch, Rockstroh et Taub, 1996)

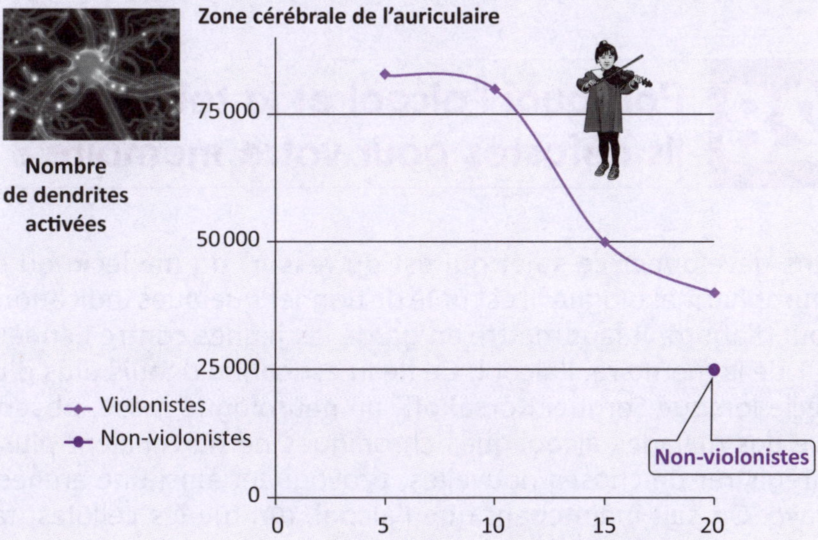

Jusqu'à dix ans, le développement du cortex (couche très concentrée de neurones entourant le cerveau) est phénoménal en fonction de l'apprentissage mais baisse ensuite.

Pour conclure

Paradoxe donc ! La plupart du temps, la mémoire s'améliore jusqu'à l'âge adulte (15 ans et plus). Plus on grandit et meilleure est la capacité de mémoriser des mots ou des images, le maximum de performance étant atteint en général entre 15 et 25 ans.

Cependant, du fait de la multiplicité des mémoires, les performances ne sont pas identiques. Ainsi, l'enfant a déjà de bonnes performances pour des mémoires peu basées sur les connaissances (mémoire visuo-spatiale). Et probablement pour la mémoire procédurale (apprentissages sensori-moteurs) la plasticité cérébrale est bien meilleure. Ainsi l'apprentissage d'un instrument de musique est meilleur avant l'âge de dix ans.

28 Pourquoi l'alcool et le tabac sont-ils néfastes pour votre mémoire ?

Sans développer ce sujet qui est du ressort du médecin ou du neuropharmacologue, il est utile de donner quelques indications. Tout d'abord, il faut mettre en garde les jeunes contre l'ennemi n° 1 de la mémoire, l'alcool. Ce fléau est connu depuis plus d'un siècle lorsque Serguei Korsakoff, un neurologue russe, observa que des malades alcooliques chroniques ne parvenaient plus à enregistrer de choses nouvelles, provoquant ainsi une amnésie grave. On sait maintenant que l'alcool, qui tue les cellules, fait mourir en premier l'hippocampe, structure du cerveau qui est un peu l'archiviste de la mémoire en répertoriant les informations nouvelles en mémoire comme un bibliothécaire le ferait de nouveaux livres. Cette amnésie n'est pas totale, puisque les souvenirs antérieurs à la mort de l'hippocampe subsistent, mais quel drame ! Un jeune homme opéré des hippocampes (il y en a deux puisque le cerveau est divisé en deux hémisphères cérébraux), à cause d'une épilepsie grave, est obligé de relire perpétuellement le même journal comme si les informations étaient nouvelles ; ses parents ayant déménagé, il se rend à son ancienne adresse, lorsqu'il s'égare en ville... Certes une consommation modeste n'est pas dangereuse mais il faut être très vigilant, chez les jeunes, à l'égard d'habitudes, comme faire des fêtes très arrosées, qui peuvent conduire à un alcoolisme mondain.

Une étude menée avec mes collègues médecins (notamment Francis Eudier) a révélé que des alcooliques de quarante ans (admis à l'hôpital pour une cure de désintoxication) avaient, aux tests de mémoire, les performances de personnes de soixante-dix ans. À notre époque, où beaucoup de jeunes seront centenaires, il faut apprendre la prudence et peut-être commencer à parler d'une « écologie » du cerveau.

Figure 2.4 – Quotient mémoire sur plusieurs tests de mémoire en fonction du vieillissement normal ou pathologique (Lieury et coll. 1990, 1991 ; cit. Lieury, 2005)

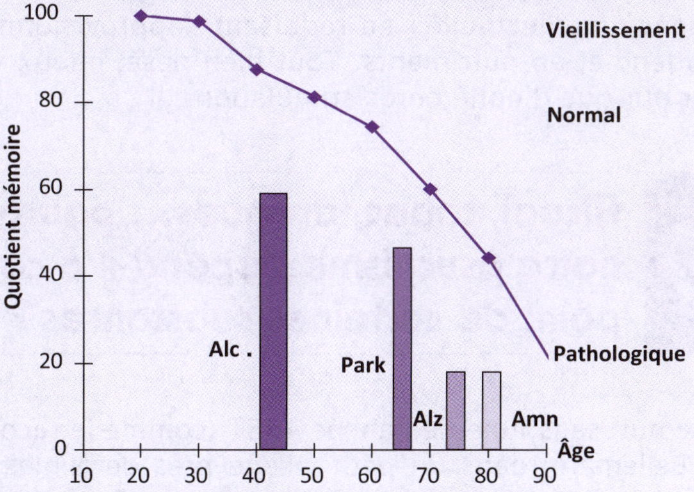

Remarque : pour faciliter la comparaison, le quotient mémoire est de 100 pour ceux qui ont les meilleures performances, les jeunes de 20 ans.

> On remarque que des patients alcooliques de 40 ans ont une baisse de 40 %, c'est-à-dire une performance de mémoire équivalente à des personnes de 70 ans.

Pour conclure

Parmi les produits courants, le tabac est également nocif pour diverses raisons. Son effet d'accoutumance est lié à la nicotine parce qu'elle ressemble à une molécule naturelle du cerveau qui permet la communication entre les neurones (neurotransmetteurs). C'est pour cela que la nicotine est un stimulant du cerveau mais la consommation régulière produit un état de dépendance, nuisible tant à l'organisme qu'au portefeuille. En outre, c'est une pratique dangereuse par le fait que la nicotine ainsi que d'autres substances contenues dans la cigarette réduisent le débit sanguin dans le cerveau (en réduisant le volume des vaisseaux sanguins) et donc la «puissance intellectuelle» en réduisant l'approvisionnement en oxygène et en nutriments. Tout bien pesé, mieux vaut le bon air pur que d'éphémères stimulations !!!

29 Alcool, tabac, drogues… pourquoi notre psychisme dépend-il à ce point de certaines substances ?

Par une nuit sans lune de l'année 1951 (comme le raconterait Pierre Bellemare) dans un petit village près de Nîmes, Pont-Saint-Esprit, 250 habitants sont la proie de rêves et de cauchemars hallucinants. À l'époque du Moyen-Âge, ces hallucinations étaient attribuées au Diable d'où leur nom de feu de Saint-Antoine en référence à la célèbre tentation de saint Antoine, à qui le Diable serait apparu sous forme de belles filles nues. Mais nous sommes au XIXe siècle et une enquête médicale permit d'identifier le démon en question. Les gens avaient mangé du pain de seigle provenant du même boulanger, et dont la farine contenait un champignon parasite, l'ergot du seigle. C'est à partir de ce champignon que fut synthétisé le LSD (acide lysergique), bien connu des courants psychédéliques hippies comme produisant une exagération des couleurs et des contrastes voire, chez certains, des hallucinations artistiques, érotiques ou religieuses comme le feu de Saint-Antoine.

Depuis des millénaires, les hommes mangent, mâchent ou fument des substances végétales qui produisent certains effets sur leur mental. L'opium est depuis longtemps connu pour ses effets antidouleur en Chine. En Amérique Centrale et du Sud, certaines substances étaient prises pour entrer en transes et deviner l'avenir, comme chez les Aztèques. Le chanvre indien est consommé dans les pays arabes pour donner une tranquillité d'esprit, et la synthèse chimique de ces substances a conduit à un engouement social comme le mouvement psychédélique des hippies dans les années soixante-dix. Les techniques modernes, chimie biologique, microscopie électronique, ont permis de comprendre en partie ces effets en montrant que ces drogues agissent à la place de substances chimiques naturelles du cerveau, les neurotransmetteurs.

Les techniques modernes, chimie biologique, microscopie électronique, ont permis d'élucider bon nombre de mécanismes du fonctionnement des neurones. Ainsi, l'influx nerveux n'apparaît plus comme un courant électrique (électrons) se propageant le long de l'axone(= prolongement de sortie du neurone), mais comme un échange d'ions (= atomes ou molécules électrisés) : la « pompe à sodium ».

Schématiquement, l'excitation du neurone provoque l'ouverture de vannes réparties sur la membrane de l'axone, ce sont les canaux ioniques (= grosses protéines qui s'ouvrent et se ferment). Tout d'abord les vannes à sodium s'ouvrent laissant passer un flot d'ions sodium (Na+ car chargé positivement) à l'intérieur de l'axone. Afin de compenser ce changement électrique (flux d'ions positifs), des canaux à potassium (K+) s'ouvrent, laissant s'échapper des ions potassium. Mais ce flux entraîne l'ouverture des canaux sodium suivants, et ainsi de suite en cascade. Si l'on place une électrode à l'endroit de la vanne à sodium, il y a une dépolarisation (la surface devient un peu plus négative car des ions positifs tombent à l'intérieur), qui se propage ainsi de proche en proche le long du neurone. Mais ce n'est pas un influx nerveux négatif qui court le long de l'axone, mais une cascade d'échanges de molécules électrisées. La communication neuronale n'est donc électrique que secondairement, le mécanisme premier est chimique, d'où l'impact des médicaments et drogues.

Figure 2.5 – Mécanismes ioniques de l'influx nerveux (pompe à sodium) et action des neurotransmetteurs

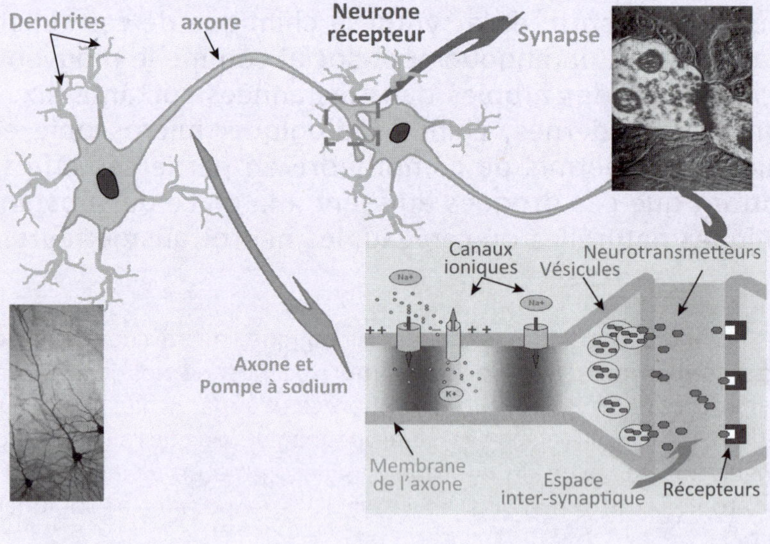

Au bout de l'axone, un évasement contient (vu au microscope électronique) des vésicules qui semblent éclater à travers la membrane dans l'espace intersynaptique. Des analyses chimiques et pharmacologiques ont montré que ces vésicules lâchaient des petites molécules qui, comme des clés, se liaient à des sites récepteurs (= grosses protéines servant de « serrures ») sur le neurone d'à côté, démarrant ainsi un nouveau signal bioélectrique (pompe à sodium). Ces molécules spécifiques ont été dénommées les neurotransmetteurs.

Pour conclure

Ainsi, le rôle des drogues est moins mystérieux depuis qu'on a mis en évidence des ressemblances entre la structure chimique des neurotransmetteurs et celle de certaines drogues. Ces drogues servent en quelque sorte de fausses clés pour déclencher les mécanismes du cerveau. La mescaline a le même noyau chimique que la dopamine et le LSD a le noyau de la sérotonine (Barron *et al.*, 1964).

L'acétylcholine est le plus célèbre car son absence provoque une nécrose de l'hippocampe et, par voie de conséquence, une amnésie de type Korsakoff, avant que les malades ne glissent lentement vers la démence, c'est la tristement célèbre maladie d'Alzheimer. L'acétylcholine a deux «serrures» possibles sur la membrane du neurone, des récepteurs muscariniques et des récepteurs nicotiniques. Vous avez bien lu, nicotiniques comme nicotine; la nicotine de la cigarette doit donc ses effets stimulants au fait qu'elle est une fausse clé pour les récepteurs de l'acétylcholine. La noradrénaline et la dopamine sont de puissants stimulants rendant actif et de bonne humeur, c'est pourquoi certains ont recherché des stimulations artificielles à partir des amphétamines, qui interviennent sur ces récepteurs. L'ecstasy, malheureusement populaire dans les soirées des jeunes, est une amphétamine. Les neurotransmetteurs sont fabriqués par des petites usines de neurones dans le cerveau et leur destruction aboutit à de graves maladies. Ainsi, la maladie de Parkinson, qui apparaît par une dégradation de la motricité volontaire, est due à un manque de dopamine.

La sérotonine est un neurotransmetteur qui semble, entre autres, agir sur les perceptions. La mescaline, tirée du cactus peyotl, ou la psylocybine, provenant d'un champignon, ont une structure chimique qui ressemble à la sérotonine. Ainsi s'explique le pouvoir hallucinogène recherché par les peuples d'Amérique Centrale et du Sud. L'opium doit ses propriétés antidouleur au fait que sa molécule ressemble à des neurotransmetteurs naturels agissant dans les centres de la douleur ; les endorphines et enfin le gaba (*gamma aminobutyric acid*) sont des neurotransmetteurs qui calment le jeu dans les synapses ; les pharmacologues ont synthétisé des fausses clés qui servent ainsi de tranquillisants, le plus connu étant le Valium.

Plus récemment, on a découvert que beaucoup de drogues comme la marijuana, le cannabis, le chanvre indien, le haschisch, etc., ont une molécule commune, le tetrahydrocannabinol (ou THC) qui intervient sur des serrures spéciales, les récepteurs cannabinoïdes. Ces récepteurs interfèrent avec les récepteurs du gaba, ce qui explique l'action tranquillisante de la marijuana. À l'inverse, son abstinence provoque des états anxieux et irritables. La marijuana est vue par beaucoup de jeunes comme une drogue douce non dangereuse mais des travaux récents (Hampson, 1999) montrent que le cannabinol qu'elle contient perturbe la perception visuelle et les réponses motrices dans la conduite automobile et baisse la mémoire en provoquant des lésions des neurones (fonctionnant au gaba) de l'hippocampe (l'archiviste de la mémoire)... Préférez donc les tranquillisants psychologiques, la relaxation, un bain de soleil, une bonne soirée entre amis mais sans stimulants artificiels...

30 « Moi, je suis un visuel !!! »

« Moi, je suis un visuel ! Je photographie mon texte et lorsque je suis sur scène, je tourne les pages dans ma tête ! » C'était en substance ce que répondait le grand acteur Philippe Noiret lorsque Bernard Pivot lui demandait comment il apprenait ses textes de théâtre.

En effet, si l'on en croit l'idée populaire, nos mémoires sont sensorielles, tel acteur et nous-mêmes aurions une « mémoire photographique ». Untel est visuel parce qu'il a l'impression de voir les pages dans sa tête, tel autre est auditif parce qu'il entend une petite voix dans sa tête, tel autre enfin est olfactif, etc. Cette croyance, relayée parfois par des pédagogues peu au fait des développements scientifiques, est un reste fossile de la théorie des mémoires partielles de la fin du XIXe siècle, défendue notamment par le grand neurologue Charcot. Selon cette théorie, il existerait une mémoire associée à nos sens, de sorte qu'il y aurait une mémoire visuelle, une mémoire auditive, une mémoire olfactive, etc. Naturellement, on pensait que les musiciens étaient des auditifs, oubliant ainsi que Beethoven devenait sourd dès la composition de sa *4e Symphonie* et, bien entendu, on pensait que les joueurs d'échecs étaient des « visuels ».

Déjà à la fin du XIXe siècle, Alfred Binet, le pionnier de la psychologie expérimentale en France, montrait que les joueurs d'échecs retrouvaient des capacités ordinaires dès qu'il s'agissait de mémoriser des objets usuels. Plus récemment, d'autres chercheurs ont montré de façon encore plus précise que la mémoire prodigieuse des grands joueurs est liée à un phénoménal… entraînement.

Dans une de ces expériences, des joueurs d'échecs sont sélectionnés d'après leur classement dans la Fédération américaine.

Figure 2.6 – Performance de mémoire en fonction de la disposition, stratégique ou au hasard, des pièces de jeu d'échecs (simplifié d'après Frey et Adesman, 1976)

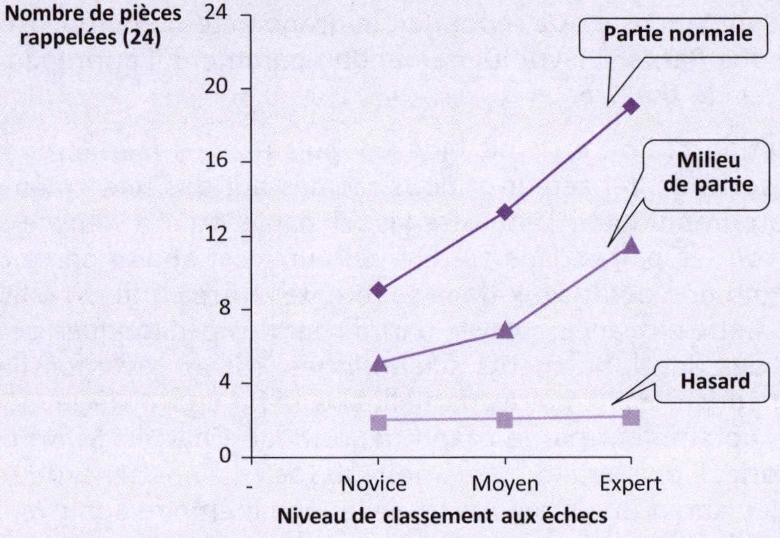

Pour les pièces placées au hasard, les experts, champions dans la Fédération, n'ont pas des scores supérieurs aux joueurs moyens ou même novices, lors de la mémorisation d'un échiquier (pendant 8 secondes). En revanche, les performances sur des milieux de parties dépendent de la force du joueur. Cependant les champions ont véritablement une performance exceptionnelle lorsqu'ils ont pu voir chaque mouvement des pièces. Ainsi, lorsqu'on présente les 22 premiers mouvements de véritables parties de tournoi et que l'on demande la dernière position des pièces (pourtant présentée seulement pendant 2 secondes), les experts ont un rappel moyen d'environ 20 pièces, soit 80 % de l'échiquier, alors que les novices n'en rappellent dans la bonne position que le dixième.

Pour conclure

Les études en laboratoire ont bien montré qu'il existait une mémoire visuelle mais celle-ci a deux caractéristiques qui font que les chercheurs ne veulent pas la qualifier de « photographique » mais plutôt de mémoire iconique (ou encore mémoire sensorielle visuelle). La première caractéristique de cette mémoire est qu'elle est éphémère ; des calculs plus précis montrent que cette mémoire sensorielle visuelle dure environ un quart de seconde. D'autre part, des particularités de notre vision (la fovéa, voir le chapitre 3 fiche 53 sur la perception) font que ce qui est vu avec une bonne acuité ne couvre que 4 ou 5 lettres. Il est donc impossible de mémoriser une page entière d'un texte quelconque !

Pourtant, nous avons bien l'impression de voir cette page. En fait, nous avons une autre mémoire, la mémoire imagée, qui stocke une simplification des images. Mais cette image n'est pas une « photographie », elle est très lacunaire. Faites-en l'expérience vous-même. Fixez pendant cinq secondes la page suivante du livre. Puis en le refermant, essayez en vous représentant visuellement cette page : comptez la dixième ligne en partant du haut : vous y êtes... maintenant, comptez le septième mot en partant de la gauche. Vous verrez ainsi, par vous-même, que vous êtes incapable de « lire » cette image mentale, et qu'elle n'est... qu'une belle image virtuelle.

31 Zut ! Comment s'appelle-t-il déjà ? J'ai son nom « sur le bout de la langue »...

Zut, comment s'appelle-t-il ? Nous sommes en train de raconter un film et au moment de nommer l'actrice ou l'acteur, c'est le trou noir ! Ce nom pourtant, on le sait, d'ailleurs il revient soudainement sans prévenir quelques minutes ou une heure plus tard. On sent qu'on le connaît, qu'il est prêt à sortir, on dit qu'il est « sur le bout de la langue »... À quoi est dû ce bien étrange phénomène, inexplicable si l'on suppose une seule et unique mémoire ? En revanche le mystère s'éclaircit dans la théorie moderne basée sur l'idée que la mémoire est subdivisée en plusieurs systèmes. Les recherches montrent en effet que la mémoire lexicale est une belle bibliothèque mais bien curieuse qui contient la carrosserie des mots mais pas leur sens, un peu comme une voiture sans moteur.

Le phénomène du mot « sur le bout de la langue » a été étudié par Brown et McNeill (1966, et d'autres auteurs à leur suite) en présentant des définitions de mots rares (ex. bathyscaphe, sextant). Lorsque le phénomène du « mot sur le bout de la langue » se produit, les sujets sont invités à donner la première syllabe ou la rime à laquelle ils pensent, etc. Dans un bon nombre de cas, il s'avère que ces fragments phonétiques sont exacts. Par exemple la lettre initiale devinée est correcte dans 57 %. Puis dans la vie courante comme dans les expériences, le mot ou le nom peut revenir, ce qui prouve que ce mot était bien en mémoire.

Pour conclure

La capacité de décrire le sens du mot, ou le rôle d'un acteur (sémantique), prouve également que des informations sont bien disponibles à partir de la mémoire sémantique. Il y a donc blocage de la mémoire sémantique vers la mémoire lexicale, ce qui indique leur indépendance. Ce phénomène se produit de manière plus persistante dans un trouble neuropsychologique, l'aphasie nominale : le malade peut comprendre à quoi sert un objet sans être capable de le dénommer, montrant là encore la distinction entre une mémoire lexicale et une mémoire sémantique.

Pas pratique, me direz-vous, d'avoir la carrosserie et le sens dans deux mémoires différentes ? Eh bien si, et très économique en tout cas, car la même carrosserie lexicale va servir pour porter plusieurs sens. Prenez le mot « disque » par exemple, il est, tour à tour, utilisé pour désigner un disque de musique, un disque de stationnement, un cercle plein en mathématiques, le disque solaire des Égyptiens en histoire, le disque de l'épreuve d'athlétisme, le disque entre les vertèbres en anatomie, et que sais-je encore… la mémoire lexicale fait donc une économie de place.

Enfin, voici un petit truc (pas infaillible bien sûr) à mettre en pratique quand vous êtes victime du « mot sur le bout de la langue », bien pratique par exemple lorsqu'on oublie le prénom de quelqu'un après les vacances ; faites mentalement l'alphabet, a, b, c, d… (sans oublier le « ch » qui n'est pas dans l'alphabet) et souvent, le prénom revient en mémoire !

32 Pourquoi apprend-on mieux en lisant qu'en écoutant ?

Beaucoup de personnes annoncent comme s'ils étaient des cas spéciaux qu'ils apprennent mieux en lisant qu'en écoutant. En réalité, c'est la règle. Nous avons vu que c'était plus compliqué puisqu'en réalité la page du livre n'est pas enregistrée dans une mémoire photographique mais transite seulement dans une mémoire iconique pour que les séquences de lettres soient vite transformées en mots (mémoire lexicale) et en concepts (mémoire sémantique). Cela dit l'observation que l'on apprend mieux en lisant est tout à fait juste comme le montrent différentes expériences.

Ainsi dans une étude, chez des élèves de 6e et 5e où nous avons comparé différents modes de présentation d'un documentaire (nous verrons plus loin le cas de la télévision), la lecture a donné de bien meilleurs résultats dans un questionnaire, presque le double, que le cours oral (basé sur le même texte). La principale raison est liée aux mouvements des yeux dans la lecture.

Tableau 2.1 – Efficacité des 7 présentations d'un documentaire (élèves de 6e et 5e ; Lieury, Badoul et Belzic, 1996)

	Verbal	Imagé + verbal	Imagé
Visuel	Lecture 38 %	Manuel 31 %	Télévision muette 0 %
Auditif	Cours oral 21 %	Télévision 11 %	
Audiovisuel	Cours oral + tableau 27 %	Télévision + sous-titres 20 %	

Ainsi, lorsque la lecture d'un document ne se fait pas sur un livre mais sur un écran d'ordinateur, les mots défilent à vitesse régulière et l'on ne peut revenir en arrière ni s'arrêter plus longtemps sur des mots difficiles ; on s'aperçoit alors que la lecture est ici peu efficace. En effet, la lecture n'est pas, comme nous l'avons vu, une photographie, mais s'apparente plus à une recherche du sens des graphismes que photographie l'œil. Si l'œil, tel une caméra, photographie par exemple « le lion saute du buisson pour manger l'antilope... », ces caractères sont très vite identifiés en mémoire comme des mots et le sens de ces mots très familiers est très vite disponible. Mais si l'œil lit une phrase comme « le tyrannosaure surgit des ptéridophytes arborescents pour dévorer un tricératops », plusieurs mots vont demander un temps d'identification et de recherche de sens plus long. Par exemple, si la durée du regard est d'environ un quart de seconde sur un mot familier (animal), il peut être deux fois plus long (une demi-seconde) pour un mot complexe ou peu connu comme « tyrannosaure ». Si le mot est inconnu comme « ptéridophytes » (fougères)..., c'est l'arrêt complet pour chercher dans le dictionnaire ou pour demander à papa ou maman !!!

Pour conclure

De même, dans de telles expériences, l'enregistrement des yeux par caméra montre que l'œil revient en arrière (ce sont des régressions). Eh bien, le nombre de régressions double également lorsque les mots sont rares ou difficiles. Ces mécanismes de durée allongée du regard ou de retour en arrière ne peuvent évidemment pas avoir lieu lors de l'audition d'un cours oral ou de l'écoute d'une émission radio. Voilà donc pourquoi la lecture est supérieure à un cours oral (ou la radio). Sous des dehors familiers, la lecture est un moyen extraordinaire de « pêche » aux informations, car elle permet une autorégulation selon la difficulté du texte. On ne lit pas à la même vitesse un article, qu'il porte sur les virus ou sur les déboires sentimentaux de Britney Spears (encore que...).

33 Pourquoi la répétition est-elle fondamentale… bien qu'elle soit vue comme « stupide » au pays de Descartes ?

Après avoir été encensée dans les anciennes pratiques pédagogiques, la répétition n'est plus franchement à la mode et elle est volontiers qualifiée d'apprentissage stupide. Et pourtant, la répétition est le mécanisme de base au niveau du cerveau. Comme la mémoire repose en dernier lieu sur des connexions entre neurones, la répétition est le mécanisme qui assure le nombre et la force de ces connexions. Par exemple, dans le célèbre conditionnement de Pavlov, il faut répéter au moins cinquante fois le son du métronome avec la récompense pour que le chien salive lorsqu'il entend le son. Même si la mémoire humaine est beaucoup plus sophistiquée que celle des animaux, la répétition n'en reste pas moins une loi de base. Par exemple, la conduite automobile, les jeux vidéo nécessitent de longues périodes d'apprentissage et l'on sait que les champions modernes s'entraînent de nombreuses heures par jour pendant des années.

Il y a eu des milliers d'expériences sur la répétition dans l'apprentissage. Mais un bon exemple, montrant qu'il faut parfois plusieurs mois, est donné dans l'apprentissage de l'alphabet morse de l'ancienne télégraphie. Car cet exemple montre qu'il faut 40 semaines, c'est-à-dire presque dix mois. Les résultats indiquent une courbe classique d'apprentissage avec une montée rapide de la performance suivie d'un plateau interprété comme les limites biologiques.

Figure 2.7 – Apprentissage de la télégraphie (envoi de lettres ou de phrases reliées ; d'après Bryan et Harter ; cit. Munn, 1956)

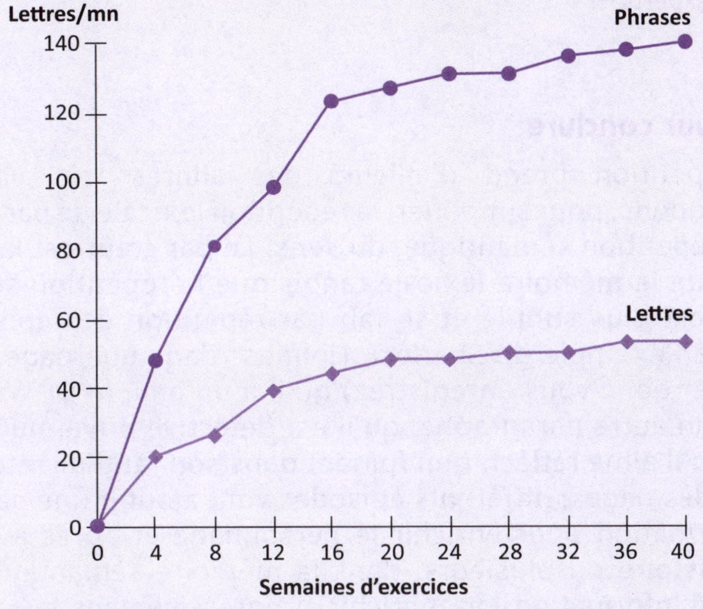

Comme les mots se devinent plus facilement avec le début des lettres, la vitesse de décodage se fait plus vite (courbe « phrases » sur la figure) que lorsque l'opérateur doit déchiffrer des lettres séparées. Pour des apprentissages plus courts, en laboratoire par exemple, il faut environ douze essais d'apprentissage pour apprendre une liste de 24 mots familiers. Il faut le même nombre d'essais pour que des élèves apprennent une carte de géographie de 24 villes.

Mais dans tous les cas, on constate qu'il ne suffit pas de « comprendre » la correspondance entre le code Morse et les lettres, mais qu'il faut apprendre. L'apprentissage et l'entraînement sont valorisés chez les Anglo-Saxons, bercés par une philosophie (la philosophie empiriste) qui considérait l'apprentissage comme la source des connaissances. Tandis qu'au pays de Descartes, il est courant

> ☛
> d'entendre qu'il suffit de comprendre, et on fait volontiers « réfléchir » les élèves sur des documents comme s'ils étaient intuitivement des experts !!!

Pour conclure

La répétition prend d'ailleurs des allures très variées. Distinguons, pour simplifier, la répétition lexicale, le par cœur, et la répétition sémantique, du sens. Le par cœur est la répétition de la mémoire lexicale tandis que la répétition sémantique est plus subtile et se fait par répétition des épisodes. Prenez l'exemple de Sherlock Holmes ; dans une page, vous lirez (et donc vous enregistrez) qu'il a un ami, le Dr Watson ; dans un autre paragraphe, qu'il est détective privé, puis plus loin qu'il aime réfléchir en fumant dans son fauteuil, etc. Bref au fil des pages, différents épisodes vont ajouter une parcelle d'information pour enrichir le personnage et après avoir lu une histoire ou plusieurs, dans la mémoire sémantique, un tissu d'informations va enrichir progressivement le « sens » du personnage. Pourtant vous n'aurez pas eu l'impression de rabâcher car cette fois, c'est une répétition d'épisodes qui ne se ressemblent pas et qui ajoutent chacun une parcelle de sens. J'ai appelé cette méthode l'apprentissage « multi-épisodique » (Lieury et Forest, 1994 ; Lieury, 1997). Pour certains chercheurs la lecture est vue comme une méthode de choix pour enrichir la mémoire sémantique car les mots apparaissent naturellement dans des contextes variés (Nagy et Anderson, 1984). Mais par le même mécanisme, les documentaires télévisés apportent des informations à la mémoire. On répète mais sans s'en rendre compte !

34 Docteur… ai-je la maladie d'Alzheimer ?

Rien ne va plus ! Vous pénétrez dans une pièce pour chercher un livre ou une facture… Sonnerie du téléphone, vous répondez et… zut, vous ne savez plus pourquoi vous veniez dans cette pièce !!! Ne vous affolez pas, vous n'avez pas la maladie d'Alzheimer et ce petit désagrément arrive à tout âge, c'est un problème de la mémoire à court terme. Sachant que l'on s'intéresse à la mémoire depuis l'Antiquité, c'est une découverte assez récente (les années soixante) que d'avoir démontré l'existence de deux mémoires, une à long terme (la bibliothèque des mots, des images et des souvenirs) et une mémoire à court terme, qui ne dure que quelques secondes…

L'existence d'une mémoire à court terme est caractérisée par l'apparition d'un oubli massif et très rapide mais il faut des techniques assez précises pour le mettre en évidence. L'Anglais Brown en 1958 et les Américains Margaret et Loyd Peterson en 1959 ont démontré pour la première fois, par des techniques similaires, que des informations simples étaient oubliées en quelques secondes. Par exemple, dans l'expérience Peterson, une courte séquence de 3 consonnes (ex. HBX) est présentée à la cadence d'une consonne toutes les demi-secondes et cette séquence est suivie, à la même cadence, par un nombre de 3 chiffres. Le sujet doit compter à rebours, à voix haute, de 3 en 3, au rythme d'un métronome toutes les demi-secondes, par exemple, 357, 354, 351, etc. Cette tâche concurrente (fréquemment appelée « tâche Peterson ») est destinée à empêcher l'autorépétition, activité spontanée qui consiste à répéter à voix basse les informations verbales. La durée de la tâche de comptage varie selon les conditions de 0 seconde (c'est le cas particulier du rappel immédiat) à 18 secondes, les séquences de lettres étant différentes à chaque fois.

Figure 2.8 – Oubli à court terme (d'après Peterson et Peterson, 1959)

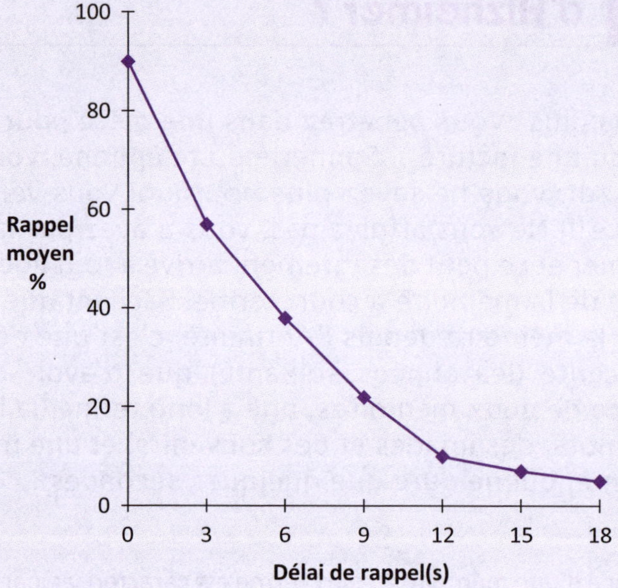

L'expérience des Peterson a montré un oubli spectaculairement rapide puisque le rappel passe de 100 % en rappel immédiat à un oubli total au bout de 18 secondes.

Pour conclure

Dans la vie courante, l'oubli à court terme se manifeste fréquemment ; par exemple, nous oublions un numéro de téléphone que nous venons de lire si quelqu'un nous parle, nous oublions une idée dans une conversation lorsque quelqu'un d'autre prend la parole, etc. C'est la raison pour laquelle il faut faire les choses quand on y pense, faute d'oublier très rapidement. L'adage populaire l'exprime avec sagesse : « Il ne faut jamais remettre au lendemain, ce qu'on peut faire le jour même… »

35 Votre mémoire est-elle bien rangée ?

Oui, lorsqu'il s'agit de la mémoire sémantique, la mémoire du sens semble rangée comme une bibliothèque. Mais c'est une bibliothèque sophistiquée car deux classements sont disponibles, l'un est thématique et bien organisé par catégories hiérarchisées (Collins et Quillian, 1969) et l'autre par associations (Rossi, 2005). Le premier classement est thématique par grands thèmes, les animaux, les plantes, les vêtements.

Sachant que de toutes les mémoires, c'est la mémoire sémantique la plus puissante, l'organisation sémantique est le mode d'apprentissage le plus efficace comme le montre une expérience célèbre. Gordon Bower et ses collègues (1969) de l'université de Berkeley à Los Angeles ont fait apprendre une gigantesque liste d'environ 120 mots mais organisés en familles sémantiques, les animaux, les plantes, etc. Chaque grande famille étant hiérarchisée en super-catégories (plantes comestibles et décoratives) puis en sous-catégories (fleurs, arbres, etc.). Mais pour ne pas saturer la mémoire à court terme, le nombre de mots à chaque niveau n'excède pas quatre ; ainsi il y a quatre super-catégories, deux ou trois catégories dans chacune, et enfin trois ou quatre mots dans chaque catégorie spécifique.

Les performances sont impressionnantes, 70 mots rappelés au premier essai contre une vingtaine dans un groupe contrôle où les mots sont mélangés. Dans le groupe organisé, la totalité de la liste est acquise dès le troisième essai d'apprentissage. Apprendre selon le classement de la mémoire sémantique est donc hyper-efficace.

Figure 2.9 – Une des quatre planches à mémoriser ; comme dans la mémoire sémantique, les mots sont bien rangés par catégories (d'après Bower, Lesgold et Winzenz, 1969)

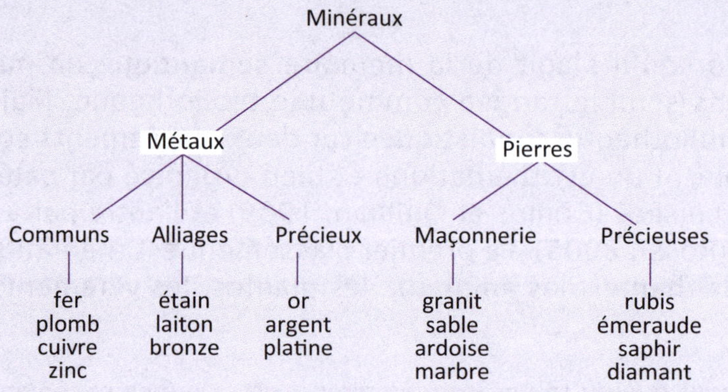

Pour conclure

Il existe un autre classement, apparemment plus désordonné, moins logique mais très astucieux puisqu'il correspond aux mots qui sont souvent ensemble dans le langage, comme « table et manger » ou les contraires comme « chaud ou froid ». Par exemple, lorsque je dis « abeille », la plupart des gens pensent à « miel » ; « chien et souris » sont évoqués pour « chat » ; et bien entendu depuis La Fontaine, on pense à « agneau » lorsqu'on parle du « loup ». Ce phénomène est connu depuis longtemps et le grand savant de l'Antiquité, Aristote, l'avait déjà remarqué. Au XIXe siècle, on appelait « association d'idées » ce phénomène, d'où des expressions qui sont restées dans le langage comme « perdre le fil de ses idées ». En effet, la mémoire peut s'imaginer comme un vaste filet de pêcheur, où les nœuds sont des neurones et les fils, leurs connexions. On pense ainsi que l'influx nerveux se propage de place en place à partir d'un mot et prépare ainsi la conversation en préactivant des mots proches. Si je discute avec des amis des abeilles, des mots comme « miel, butine, fleur, essaim… » vont être préparés, pré-activés dans la mémoire.

À l'inverse, cette préactivation peut nous faire dire des bêtises, comme les enfants aiment bien le provoquer dans certains jeux. Le jeu est bien connu, il faut répéter à toute vitesse, blanc, blanc, blanc, blanc… et on pose la question « Que boit la vache ? » ; la plupart du temps, le camarade se fait piéger en disant « du lait » alors que la vache boit de l'eau. L'erreur vient du fait que de donner les mots « blanc » et « vache » ont préactivé « lait », qui est comme un coureur prêt à bondir ; tiens j'ai failli dire prêt à… bouillir !

36 « Je mange avec une bourchette… » ! D'où viennent les lapsus ?

Les lapsus ont été popularisés par Freud (1973, 1re édition 1901). Dans le contexte de libération sexuelle des années « 68 », beaucoup pensaient que les lapsus étaient liés à la sexualité refoulée. Cela peut arriver mais c'est loin d'être le cas général. Souvent c'est un mot plus fréquent ou plus récent qui vient à la place d'un autre, qui lui est phonétiquement similaire. Car si la mémoire sémantique est classée comme une bibliothèque, notamment par grands thèmes, nous avons vu que les mots sont également classés pour leur carrosserie dans une mémoire spéciale, la mémoire lexicale. Cette mémoire est organisée phonétiquement ; un peu comme le fichier de la bibliothèque par ordre alphabétique mais de façon plus souple, en gros, par la première syllabe et par la rime.

Ainsi dans les recherches sur le phénomène du « mot sur le bout de la langue », on pose des définitions correspondant à des mots peu fréquents, qu'il faut trouver ; par exemple, comment s'appelle l'appareil que les navigateurs utilisaient pour se repérer avec les astres (le sextant). Chaque fois que le sujet de l'expérience ne trouve pas le bon mot, on lui demande s'il peut dire la première syllabe ou la rime du mot, et l'on s'aperçoit qu'une bonne proportion des individus avait bien à l'esprit la bonne syllabe et la bonne rime. D'ailleurs assez souvent le mot sur le bout de langue est produit par la compétition avec un autre mot qui lui ressemble. Les lapsus ou erreurs de mots présentent précisément ces erreurs phonétiques entre les mots. Le cas général est une confusion avec un mot phonétiquement proche et plus courant, plus fort donc dans la mémoire de la personne ou de l'enfant. Ces ressemblances phonétiques causent des déboires aux élèves qui font ainsi des grosses confusions comme d'appeler « dénominator » le dénominateur en le confondant avec le titre du film *Terminator*, ou de penser que « régicide » est un insecticide…

Pour conclure

Ces phénomènes montrent que le classement de la mémoire lexicale est phonétique : les mots semblent être classés par la première syllabe, et secondairement par la rime. C'est d'ailleurs la raison pour laquelle la poésie, avant la popularisation des livres, était en rime, pour apprendre plus facilement les textes. La phonétique est la base des calembours, des jeux de mots, et dans ce cas nous faisons fonctionner la mémoire lexicale. Mis à part cette différence de classement avec la mémoire sémantique, classée par thème, la mémoire lexicale peut également être vue comme un vaste filet, où les mots sont associés par les mailles avec les mots qui ont les mêmes syllabes ou rimes, d'où les mêmes phénomènes de préactivation. De même qu'il y a une préactivation sémantique (cf. blanc pour « que boit la vache », voir *supra*), il existe une préactivation lexicale (Quaireau, 1995). Comme dans le jeu qui consiste à répéter à toute vitesse « bourchette, bourchette, bourchette... » pour poser la question « avec quoi manges-tu ta soupe », et l'interlocuteur de répondre le plus souvent « avec une fourchette » au lieu d'une cuillère...

Le verlan, c'est-à-dire mettre les syllabes des mots à l'envers, les anagrammes, le scrabble sont autant de jeux d'exercice de la mémoire lexicale.

37 Comment expliquer l'oubli ?

L'oubli est l'envers de la médaille de la mémoire et ses mécanismes sont divers. Tout d'abord, il faut répéter que la mémoire n'est pas la faculté d'un pur esprit mais repose sur le fonctionnement du cerveau. La première mesure de l'oubli date des expériences de l'Allemand Ebbinghaus en 1885. Ebbinghaus apprenait lui-même des listes de syllabes, puis mettant chaque liste dans une enveloppe, il les réapprenait à une date donnée, soit une heure après, un jour, une semaine et ainsi jusqu'à un mois plus tard. De ces études, reproduites par la suite, on s'aperçut que l'oubli était très rapide, de 50 % au bout d'une heure à 80 % au bout d'un mois. Affreux !!! Et pourtant, cela reflète bien ce qui se passe dans la vie courante, les personnages et les dates d'histoire, les formules de chimie ou de trigonométrie, tout cela s'envole très vite !!!

Ces informations détaillées, que nous savions lorsque nous étions au collège et au lycée, sont-elles effacées ? Non ! Les recherches récentes sur l'oubli ont montré qu'il ne fallait pas être trop pessimiste, l'oubli n'est pas un effacement total mais résulte en grande partie de l'échec à récupérer des informations dans le vaste stock de la mémoire. C'est ce qu'ont montré certains chercheurs supposant que la mémoire fonctionnait comme un ordinateur ou une bibliothèque (en fait ce sont ces derniers qui ont probablement été construits à notre image). De même que les livres sont associés à une référence qui sert d'adresse dans les rayonnages, nos souvenirs seraient munis d'indices pour les retrouver, en particulier en mémoire sémantique : ce sont les indices de récupération.

Nombreux sont les indices de récupération. Les noms de catégories, les titres d'un livre ou d'un cours sont des indices sémantiques. Les initiales ou les premières syllabes, ou encore les rimes sont des indices pour la mémoire lexicale. Et les images et les photos sont d'excellents indices, comme le montre l'expérience suivante.

Harry Bahrick avec Phyllis Bahrick et Wittlinger (1975) a eu l'idée très originale d'utiliser les archives d'un collège et de retrouver des étudiants de ce collège, jusqu'à 48 ans plus tard, afin de sonder leur mémoire sur les noms et les photos de leurs camarades de promotion. Alors que le rappel des noms est faible, les photographies sont des indices de récupération très puissants sauf au bout de très nombreuses années. La reconnaissance est très forte, la reconnaissance des photographies (parmi des photos pièges) restant étonnamment stable, même après 35 ans. La reconnaissance quasiment équivalente des noms et des photographies s'expliquent bien par la théorie du nœud d'identité personnelle, selon laquelle nom et visage sont stockés ensemble en mémoire. Une légère baisse de la reconnaissance (10 à 20 %) intervient cependant au bout de 50 ans, mais il faut se rappeler que les personnes vieillissent d'autant et ont alors environ 70 ans !!!

Figure 2.10 – Comment s'appellent vos camarades de terminale ou de 3e au collège ? On a l'impression d'avoir tout oublié. Pourtant la présentation de photos comme indices de récupération permet de retrouver une bonne partie des noms (d'après Bahrick et al., 1975)

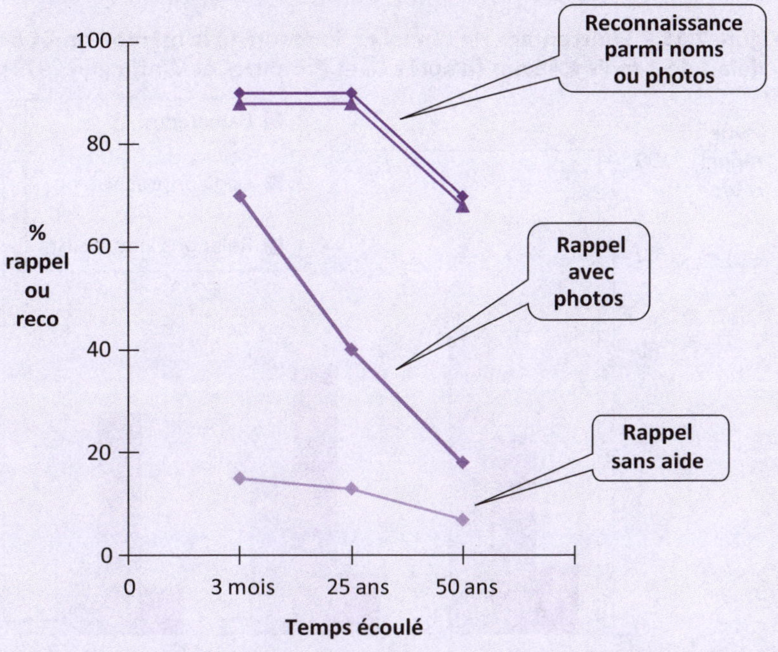

Notre mémoire n'oublie pas tant que cela mais, comme une bibliothèque immense, il lui faut de bons indices, de bonnes adresses du passé… Ainsi l'album de famille ou les photos de voyage nous permettent usuellement de nous remémorer les invités de telle ou telle fête ou encore de nous rappeler les épisodes d'un voyage.

Le rôle des émotions et des sentiments s'observe aussi très nettement dans cette expérience. Le rappel libre est faible, y compris après seulement trois mois du départ du collège, pour les simples camarades ou connaissances (15 %) jusqu'à 10 % de rappel après 48 ans. Par contraste, le souvenir des relations amoureuses est très présent en mémoire, mais seulement après 3 mois (60 %), l'oubli est ensuite très rapide pour rejoindre le souvenir des simples camarades alors que le souvenir des bons copains reste très vivace, de 40 à 50 % de rappel, même 50 ans plus tard.

Figure 2.11 – Pourcentage de rappel en fonction de la relation après des délais de 3 mois à 48 ans (d'après H. et P. Bahrick et Wittlinger, 1975)

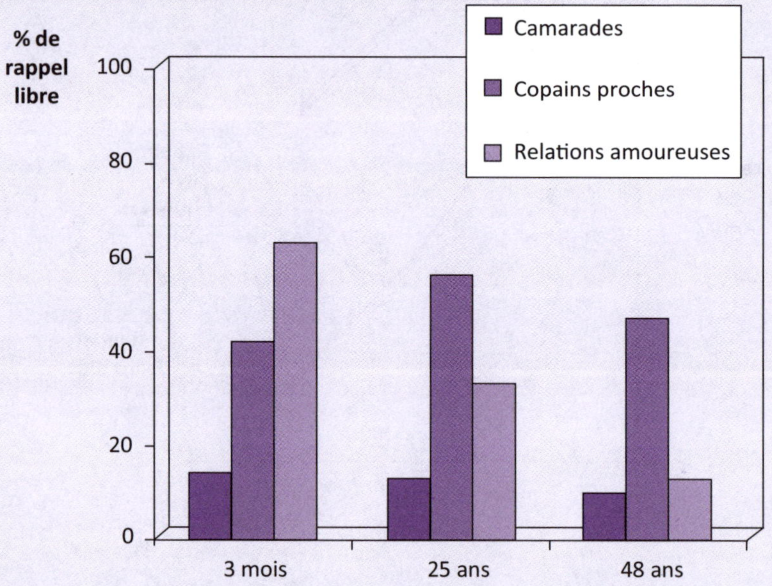

Pour conclure

Contrairement à l'image romantique des amours de jeunesse, les relations amoureuses s'usent plus vite que les relations entre copains, Brassens l'avait bien dit, « Les copains d'abord »...

38 Est-ce qu'on radote vraiment avec l'âge ?

«Ah, ma grand-mère radote, elle raconte tout le temps ses souvenirs d'enfance mais ne se rappelle pas le film qu'elle a vu la veille...» Voilà le genre de récit que l'on entend couramment et qui reproduit de façon stéréotypée la loi de «régression des souvenirs» de Ribot. Dans son livre *Les Maladies de la mémoire*, Théodule Ribot (1881) développe une théorie du vieillissement symétrique à la théorie de l'évolution de Darwin. Selon Ribot, la mémoire suit, avec le vieillissement du cerveau, un chemin inverse de l'évolution, c'est l'involution ou la régression. Cette loi de la régression des souvenirs, devenue populaire (notamment dans le milieu médical où on l'appelle «loi de Ribot»), explique que la mémoire vieillissante se dégrade à partir des souvenirs récents pour ne préserver que les souvenirs d'enfance.

À la même époque, Galton (1879; cit. Crovitz et Schiffman, 1974) avait voulu compter ses souvenirs en les évoquant grâce à des mots évocateurs tels que «église, mère, poupée, école, tambour».... Galton avait trouvé, étant âgé alors de près de 60 ans, que 39 % des souvenirs évoqués étaient antérieurs à l'âge de 22 ans, 46 % des souvenirs concernaient la vie adulte et 15 % seulement étaient des souvenirs d'événements plutôt récents. Bien que les souvenirs de la vie adulte soient les plus importants, les souvenirs récents semblaient bien pauvres...

Cependant, ce résultat ne m'avait pas convaincu car les mots évocateurs de Galton comme « église, mère, poupée, école, tambour » sont acquis tôt dans l'enfance et, pour cette raison, ils pourraient rappeler préférentiellement des souvenirs d'enfance. Aussi avons-nous refait une expérience (Lieury, Aune et Ropars, 1980 ; cit. Lieury, 2005) en sélectionnant à la fois des mots « anciens », « rue, train, orage, chaise, bébé, montagne, église, fleur... » mais aussi des mots culturellement plus récents comme « télévision, fusée, téléphone, énergie, pollution, parking... ». De plus, pour égaliser la chance d'avoir autant de souvenirs, nous avons découpé « l'âge » des souvenirs par période chronologique (10 ans, sauf de 0 à 15 ans pour la période d'enfance)... Les personnes devaient situer temporellement ces souvenirs en donnant l'âge (approximatif) qu'elles avaient au moment de l'événement. Par exemple, une personne évoque au mot « montagne » un séjour à la montagne lorsqu'elle avait 32 ans. On situe ce souvenir dans la période de vie « 30 ans ». Afin d'égaliser les chances d'avoir autant de souvenirs dans la dernière période de vie, que les personnes aient par exemple 72 ans ou 78 ans, on compte les souvenirs de la dernière décennie pour chacun. L'expérience porte sur des sujets « adultes » de 40-50 ans, des personnes âgées de 70 ans vivant chez elles et des sujets du même âge mais vivant en institution.

Les séries temporelles des souvenirs sont très différentes, voire inverses, en fonction des mots évocateurs. Chez les personnes de 50 ans, les mots anciens évoquent plus de souvenirs de jeunesse comme l'avait observé Galton. À l'inverse les mots associants récents évoquent de plus en plus de souvenirs récents. La série temporelle est presque la même chez les personnes de 70 ans bien portantes, avec une diminution des souvenirs ; les personnes de 70 ans rappellent même des souvenirs de leurs dix dernières années avec les mots anciens. Chez les personnes en institution, il y a une grande pauvreté de souvenirs quels que soient la période et le type de mots évocateurs.

Figure 2.12 – Série temporelle des souvenirs en fonction des mots évocateurs anciens ou récents et de l'âge des personnes (d'après Lieury, Aune et Ropartz ; cit. Lieury, 2005)

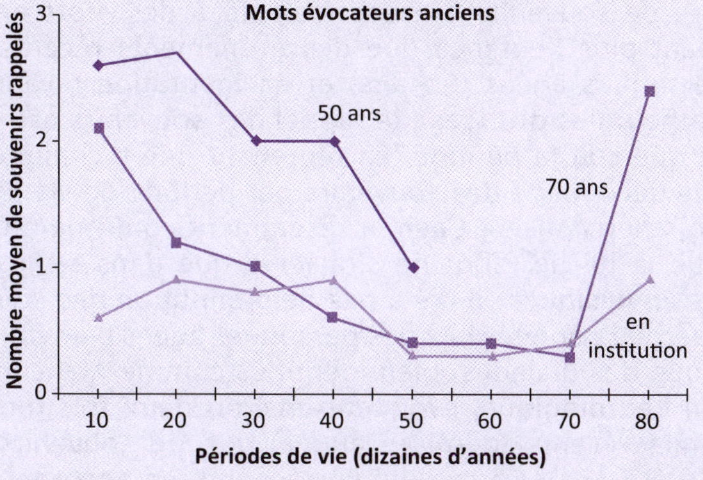

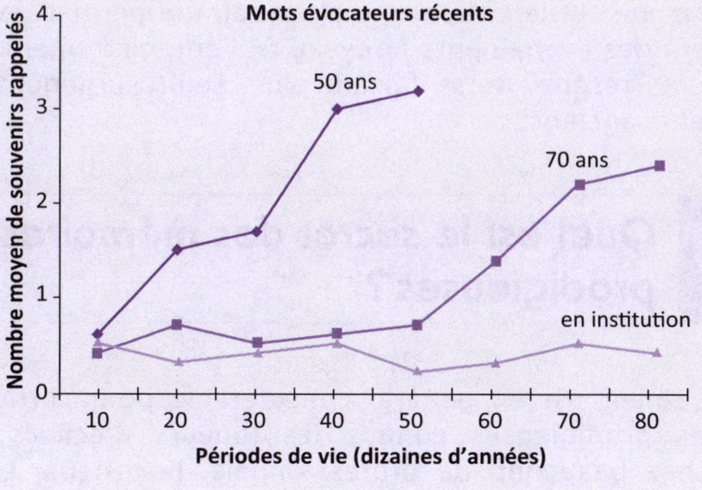

Pour conclure

La « loi » de régression des souvenirs chez les personnes âgées est donc fausse et dans la technique « Galton », le grand nombre de souvenirs anciens était dû à des mots anciens, évoquant plus l'enfance que des événements récents. Pour les personnes âgées (80 ans) et en institution (ayant donc des pathologies diverses), le rappel des souvenirs est pauvre quelle que soit la période. En reprenant une technique similaire de découpage des souvenirs par période de vie, Pascale Piolino, chercheuse à Caen, a récemment confirmé (2003) le fait que la loi de Ribot ne s'observe que dans les pathologiques amnésiques : il n'y a pas de diminution des souvenirs de la dernière année chez des personnes âgées bien portantes alors que des malades, bien identifiés comme Alzheimer sur le plan neurologique, évoquent environ deux fois moins de souvenirs récents (dernière année) que de souvenirs d'enfance (0-17 ans). Ce cas qui correspond, en apparence, à la loi de la régression est dû à une amnésie hippocampique (l'hippocampe est la structure du cerveau qui permet l'enregistrement des événements nouveaux) : l'enregistrement des événements récents ne se faisant plus, seuls surnagent les événements anciens...

39 Quel est le secret des mémoires prodigieuses ?

L'entraînement est en général considérable pour certaines mémoires prodigieuses comme les joueurs d'échecs, de même chez beaucoup de professionnels, historiens, chefs d'orchestre, scientifiques... Mais encore faut-il expliquer comment des personnes peuvent autant s'entraîner (et ne pas oublier) ; souvent leurs dispositions apparaissent dès le plus jeune âge. Il faut donc bien supposer des capacités hors du commun, ce que les techniques d'imagerie médicale commencent à révéler mais bien d'autres mécanismes à découvrir sont probablement d'ordre neuronal ou biochimique. Voici quelques exemples (Petra Höfer et Freddie Röckenhaus, Arte, 2006 et sources diverses).

Rüdiger Gamm est un calculateur prodige. On lui donne à diviser 62 par 167 (ce qui fait 0,37…) ; il réfléchit 23 secondes et débite à toute vitesse le résultat avec 30 chiffres après la virgule. Il est capable de calculer des puissances 17 ou 20 (ce qui donne des résultats de l'ordre du quadrillard). Des estimations portent à 250 000 les résultats intermédiaires qu'il aurait en mémoire. Des expériences d'imagerie médicale par Thorsten Fehr de l'université de Magdebourg indiquent que pour des calculs simples, des zones plus petites sont activées par rapport à une personne normale. Mais en revanche, lorsque Rüdiger Gamm doit faire des calculs extraordinaires, d'autres zones que celles du calcul sont activées, notamment une zone qui sert habituellement à l'identification faciale. Ainsi, pour une part, on peut penser que certaines mémoires prodigieuses sont dues au fait que des zones réservées à des stockages spéciaux sont toutes réquisitionnées pour un type d'information, ici les nombres.

Kim Peek a servi de modèle au film *Rain Man*. À l'âge de 16 mois, il sait lire et à 4 ans et demie, il a absorbé huit volumes d'une encyclopédie. Il dit lire des deux yeux deux pages différentes en parallèle. Il ne sait pas s'habiller seul, conduire ou se faire à manger et son père s'occupe en permanence de lui. Il l'accompagne dans des bibliothèques où il dévore les livres, il aurait lu 12 000 livres dont il retient tout ou presque. Alors qu'il lit 8 pages d'un livre en 53 secondes et retient 98 % du contenu, son père met plusieurs minutes pour ne retenir que 40 %. Son plaisir est de rencontrer des élèves dans des écoles ; il a une connaissance du calendrier perpétuel, c'est-à-dire qu'il est capable à partir de la date de naissance d'un élève, de dire le jour de la semaine qui lui correspond (ex. mardi) et le jour qui correspond à son anniversaire. Il connaît d'innombrables détails biographiques, sur Charlemagne, Rembrandt, Churchill… L'imagerie médicale montre plutôt des défauts du cerveau, dont un seul explique une particularité. Il n'a pas de corps calleux, les « câbles » qui permettent de connecter les deux hémisphères cérébraux ensemble et de les faire communiquer ; les deux hémisphères fonctionnent comme deux « disques durs » indépendants, ce qui confirme son impression de lire deux pages différentes avec chaque œil. En revanche, d'autres particularités, cervelet gauche plus petit, ventricules plus grands, n'expliquent pas ses prouesses…

Stephen Wiltshire, appelé « la caméra humaine », est connu depuis tout petit lorsque, dans son centre d'éducation spécialisé, les éducateurs s'étaient rendu compte qu'il pouvait redessiner après une visite touristique des édifices avec une précision photographique (nombre de fenêtres, nombre de colonnes…). Devenu grand, les cinéastes lui font survoler la ville de Rome, qu'il ne connaît pas, pendant 45 minutes. Puis sur une grande planche à dessin panoramique de plusieurs mètres, il dessine de mémoire (en trois jours) la ville de Rome telle qu'il l'a vue ; les précisions sont sidérantes, les ruelles, les courbes du Tibre, et la précision photographique des monuments. Les cinéastes réalisent dans leur film une superposition de la vidéo du Colisée avec le dessin de Stephen, et l'on voit que toutes les colonnes et fenêtres sont représentées telles qu'il les a vues. C'est comme si sa perception était enregistrée telle quelle. Aucune analyse neurologique n'a été faite pour permettre une quelconque explication. Son retard pour le langage, il n'a prononcé ses deux premiers mots (crayon et papier) qu'à l'âge de 5 ans, laisse penser que son cerveau ne dispose pas de processus d'abstraction et que ses réseaux de neurones enregistrent les scènes telles que la rétine les capte spatialement, comme un appareil photographique ou un caméscope.

Bien des mystères subsistent encore…

Lorsque les capacités sont extraordinaires, sans éducation spéciale, on peut supposer que des zones du cerveau sont plus développées. Le cas connu du syndrome de Williams le montre bien. De nombreuses légendes mentionnent de mignons petits personnages à la mâchoire avancée, au sourire marqué et aux petites oreilles pointues sous des noms divers comme les elfes et les lutins. Cette description n'est pas si légendaire et le cardiologue néo-zélandais Williams a décrit des enfants ayant cette physionomie mais aussi des déficiences du système vasculaire, notamment du cœur, et leur vieillissement est prématuré. Dans ce cortège de caractères appelé « syndrome de Williams », les compétences cognitives générales sont très déficitaires, comme chez les enfants trisomiques (ex. le QI moyen est de 60) mais ces personnes sont très souvent douées pour la musique (Lenhoff *et al.*, 1998). L'anomalie génétique a été identifiée en 1993 et semble provenir du chromosome 7 qui est endommagé dans la bande qui produit l'élastine, d'où les rides et le vieillissement prématuré ainsi que des malformations vasculaires (la « peau » des vaisseaux et des organes). L'étude du cerveau (autopsie après décès ou imagerie médicale) révèle de nombreuses différences mais notamment « des caractéristiques anatomiques… [qui] expliqueraient en partie les talents musicaux des personnes ayant un syndrome de Williams : le cortex auditif primaire ([…] lobe temporal) et la région auditive adjacente, le *planum temporale* [prononcer *temporalé*] […] sont plus volumineux que la normale […]. De plus, le *planum temporale* est normalement plus volumineux dans l'hémisphère gauche [sons du langage] que dans le droit, mais, chez certaines personnes ayant un syndrome de Williams, il est anormalement grand dans l'hémisphère [droit], comme chez les musiciens professionnels » (Lenhoff *et al.*, 1998).

Pour conclure

Des talents spéciaux ont donc vraisemblablement une origine biologique. Cependant l'entraînement conduit également à des modifications considérables. Une étude (Pantev *et al.*, 1998) utilisant l'imagerie cérébrale a comparé des pianistes et des personnes non musiciennes. La zone auditive correspondant aux sons musicaux présente une augmentation allant jusqu'à 25 %. De plus, cette augmentation dépend du nombre d'années de pratique alors qu'au contraire, la zone des sons purs n'est pas changée. Ces résultats montrent que l'entraînement joue également un rôle primordial dans les «dons» de mémoire. Le génie pourrait provenir de l'addition d'une disposition biologique et de l'entraînement.

3 La perception

Sommaire

On dit communément qu'il y a cinq sens, ou on parle, ce qui revient au même, d'un soi-disant sixième sens. Mais cette évaluation est largement loin du compte car notre corps est bardé de dispositifs de détection, récepteurs de la pression sanguine, récepteurs du taux de sucre, récepteurs des muscles et tendons, etc. : pour exemple, le sinus carotidien est un endroit de la carotide rempli de récepteurs de pression sanguine ; il est connu depuis des millénaires dans les arts martiaux (karaté) comme un point vital car un coup porté à cet endroit provoque une syncope (le cerveau l'interprète comme un excès de pression sanguine). Et si nous avons faim à l'approche de midi, c'est que des récepteurs du glucose, dans des centres du cerveau, détectent une baisse du taux de glucose dans le sang. Enfin, nous tenons debout parce que des millions de capteurs de pression, dans les muscles et les tendons, informent certains centres du cerveau, qui en retour commandent la contraction musculaire suffisante pour ne pas tomber.

Il existe donc une grande variété de récepteurs. Néanmoins, la plupart semblent jouer leur rôle dans des systèmes automatiques et ne suscitent pas de sensations descriptibles, sauf à des niveaux très intenses de stimulation, ce qui peut être vu sur le plan fonctionnel comme une alerte, étirement des tendons, douleur dans le ventre, etc. D'autres modalités de réception de l'information déterminent des sensations descriptibles et pour cette raison entrent dans le domaine de la psychologie, ce sont les cinq sens traditionnels, toucher, goût, odorat, audition et vision. Elles-mêmes ne sont pas des modalités uniques (l'équilibre est différent mais voisin des centres de l'audition) mais des catégories de plusieurs modalités sensorielles qui correspondent à une unité anatomique, la peau, la bouche, le nez, l'oreille et l'œil.

40 Ça vous grattouille ou ça vous chatouille ?

Les sensibilités tactiles illustrent bien les deux faces des sensations, le côté subjectif et le côté objectif. Le côté subjectif est lié aux descriptions variées mais souvent imprécises dont nous sommes capables : chacun se rappelle la fameuse distinction du Dr Knock de Jules Romains entre « chatouillement » et « grattouillement ».

Les recherches ont débuté au milieu du XIXe siècle avec une technique originale inventée par Max von Frey (1852-1932) qui consiste à explorer la peau avec des aiguilles lestées de poids gradués, de 1 à 10 grammes, et émoussées pour ne pas blesser. Celui-ci voulait vérifier si, comme on le croyait à l'époque, la douleur naissait d'une stimulation trop intense dans une sensation donnée ; pour le constater, il entreprit d'explorer la peau avec ses aiguilles « tactiles » et il découvrit l'existence de points sensibles spécifiques, inégalement répartis à la surface de la peau. Certains points stimulés provoquent une sensation de tact (toucher) alors que pour d'autres, les personnes ne ressentent rien (elles ont les yeux bandés).

Enfin certains points ne donnent naissance qu'à des sensations de douleur mais les stimulations doivent être fortes (10 à 30 grammes). Plus tard les chercheurs américains étendirent ce genre de technique avec des stimulateurs thermiques renfermant un liquide chaud ou froid. Ces recherches mettent en évidence 4 catégories bien distinctes de sensations tactiles, le toucher ou contact, la douleur, le chaud et le froid, inégalement réparties sur la peau selon les zones du corps.

Les récepteurs sont très inégalement répartis sur la peau de sorte que le cerveau est bien informé sur ce qui se passe dans certaines régions et beaucoup moins dans d'autres, un peu comme un centre de surveillance qui placerait plus de caméras ou de capteurs dans des zones à haut risque.

Tableau 3.1 – Densité des points sensitifs par cm² de peau en fonction des régions du corps (d'après Skramlik ; cit. Woodworth, 1949)

	Douleur	Tact	Froid	Chaud
Front	184	50	8	0,6
Bout du nez	44	100	13	0,5
Dos de la main	188	14	7	0,5

En caricaturant, on peut dire que le front informe sur la douleur (protection du cerveau), le nez sur le froid, la main sur le toucher (le tableau indique le dos de la main, mais les récepteurs sont aux environs de 200 au bout des doigts)....

Pour conclure

Les anatomistes et physiologistes ont décrit plusieurs récepteurs de la peau correspondant à ces quatre catégories. La douleur est liée à l'excitation de terminaisons nerveuses libres, le froid à la stimulation des bulbes de Krause et le chaud à d'autres terminaisons nerveuses libres. Si les quatre sensations sont bien individualisées, c'est qu'elles transitent par quatre voies nerveuses distinctes (Rosenzweig *et al.*, 1998). Mais le toucher possède plusieurs récepteurs, d'où la variété des sensations (chatouillement, pression, toucher léger...) : les disques de Merkel, les corpuscules de Meissner et de Golgi-Mazzoni sont responsables de la finesse du toucher et sont très présents au bout des doigts, dans les lèvres et les zones érogènes.

Figure 3.1 – Les récepteurs des sensibilités tactiles (d'après Lieury, 2008)

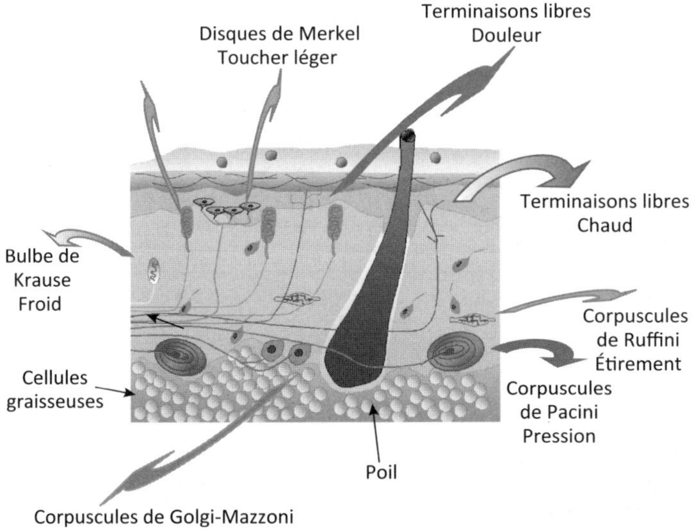

Grande comme une serviette de plage (2 m²), la peau contient 5 millions de récepteurs. Certains nous donnent les sensations de toucher léger, d'étirement et de pression, de chaud et de froid et enfin de douleur.

Les sensations de vibrations et de pression proviennent des corpuscules de Pacini dont la compression dilate les pores de la membrane axonique, faisant entrer des ions sodium, démarrant ainsi le signal nerveux (Loewenstein, 1971, cit. Rosenzweig *et al.*, 1998) tandis que les corpuscules de Ruffini semblent responsables des sensations d'étirement.

Voilà qui, de l'amour au rugby, nous promet le plein de sensations !!!

41 Pourquoi des milliardaires peuvent-ils perdre un million au jeu ?

Il est toujours étonnant de voir dans les reportages télévisés sur les conflits armés des enfants jouer, riant, parmi les décombres. Le contraste est d'autant plus saisissant par rapport à certains enfants gâtés à la triste mine alors qu'ils bénéficient de tout le confort de la modernité. L'explication, particulièrement édifiante, de ce phénomène vient d'un domaine apparemment lointain, et souvent rébarbatif, la psychophysique.

L'objectif de la psychophysique est de chercher les relations (souvent mathématiques) entre les stimulations physiques et les sensations qu'elles déclenchent sur le plan subjectif.

À la fin du XIXe siècle, le physiologiste Ernst Weber (1795-1878) montrait un fait curieux : nous ne sommes pas sensibles à des différences absolues mais relatives (Piéron, 1967). Ainsi, dans une expérience typique de sensation de poids, si l'on utilise un poids étalon de 100 g il faudra par exemple un poids de 110 g à un sujet, ayant les yeux bandés, pour se rendre compte de la différence de poids. On pourrait supposer que pour ce sujet, l'écart sensible est de 10 g mais on s'aperçoit qu'avec un poids étalon de 200 g, il faudra placer cette fois dans l'autre main un poids de 220 g pour que le même sujet sente la différence ; et ainsi de suite, seul un écart de 30 g sera perceptible enréférence à un poids étalon de 300 g, 40 g pour un poids de 400 g...

Weber montrait ainsi que nous ne sommes pas sensibles à l'écart absolu mais à l'écart différentiel par rapport à une quantité de référence ; dans notre exemple, le rapport différentiel, appelé rapport de Weber, est de 10 %.

Rapport de Weber

$$\frac{110-100}{100} = 10\%$$

$$\frac{220-200}{200} = 10\%$$

$$\frac{330-300}{300} = 10\%$$

Ce rapport, que j'ai ramené à 10 % pour simplifier l'exemple ci-dessus, est plutôt en réalité de 2,5 % pour les poids mais, pour l'essentiel, le même principe se retrouve dans la plupart des modalités perceptives, très diverses, allant de la vision à l'audition. Par exemple dans les modalités gustatives, il est de 20 % pour le sucre, de 25 % pour l'amer, de 15 % pour le salé et de 21 % pour l'acide. Si cette loi psychophysique est générale, c'est qu'elle correspond à un fonctionnement du cerveau. Les neurones sont souvent organisés de façon verticale et certains neurones d'association ne s'activent que si un neurone cible a une activité supérieure aux neurones de contexte. En somme, nous ne percevons pas dans l'absolu mais relativement à un contexte.

Ce phénomène avait déjà été remarqué par les Grecs, pour qui le rire se déclenchait d'autant plus qu'il apparaissait après un événement dramatique, c'est la tragi-comédie. C'est un procédé littéraire courant que de valoriser le héros en l'affublant d'un compère distrait ou stupide, comme les valets des Trois Mousquetaires, ou d'accabler le héros des pires malheurs, son bonheur n'en étant que plus grand par la suite ; la brusquerie du coup de théâtre relève encore l'effet de contraste. De même dans la perception de l'humeur : les lendemains de fête sont souvent déprimants.

Bien avant Weber et Fechner, le mathématicien Daniel Bernouilli, au XVIIIe siècle, avait déjà remarqué que l'avantage moral ne croît qu'avec l'accroissement relatif de la fortune physique, ce qui dans le langage moderne représente le rapport de Weber : l'avantage subjectif que procure l'argent est relatif à la richesse de l'individu. Cette observation rend compte des sommes impressionnantes que des milliardaires peuvent perdre au jeu.

En effet, supposons que le rapport de Weber soit de 10 % pour l'argent. Un étudiant ayant un budget mensuel de 200 euros ne considérera pas comme catastrophique toute perte inférieure à 20 euros ; mais pour qu'un milliardaire éprouve des sensations fortes, il lui faudra jouer des sommes de l'ordre du million. À l'inverse (rappelez-vous qu'une division par zéro donne l'infini), un grand plaisir devrait être atteint par une augmentation légère si la référence est très faible. Par exemple, pour les générations d'après-guerre, une simple orange, ou un ours en peluche fabriqué avec du crin de cheval, était un merveilleux cadeau. De même comprend-on mieux le sourire de l'enfant des contrées déshéritées qui se fait un instrument de musique avec une boîte en fer trouvée dans une décharge alors que dans un pays riche, le besoin de consommation est toujours croissant. Le rapport de Weber nous fournit l'équation du bonheur, de l'explication de l'ascétisme à celle de la surconsommation…

La Formule du Bonheur

$$\frac{\text{Quantité négligeable} - \text{zéro}}{\text{zéro}} = \text{Infini}$$

Pour conclure

Tolstoï le remarquait avec perspicacité dans *La Guerre et la Paix*. Après la mortelle bataille de Borodino, le prince Pierre est entraîné comme captif dans la retraite de l'armée napoléonienne. Après des semaines de disette et de froid glacial, «Il avait compris qu'il y a une limite à la souffrance et une limite à la liberté et que ces limites se touchent ; que l'homme qui souffre parce que, sur son lit de roses, un pétale s'était plié, souffrait tout comme lui en ce moment, qui dormait sur la terre humide et nue, le corps glacé d'un côté et chauffé de l'autre ; qu'avec les escarpins trop étroits qu'il mettait autrefois pour aller en soirée, il souffrait autant que maintenant à marcher sans chaussures (les siennes étaient depuis longtemps hors d'usage), sur ses pieds nus couverts d'escarres».

42 Pourquoi les aliments n'ont-ils plus de goût lorsqu'on est enrhumé ?

Dans le film comique *L'Aile ou la cuisse* de Claude Zidi avec Louis de Funès et Coluche, de Funès dirige un guide gastronomique mais il est au comble du désespoir lorsqu'il se rend compte qu'il est atteint d'agueusie, c'est-à-dire de perte du goût. Et pourtant, c'est ce qui nous arrive couramment chaque fois que nous avons un bon rhume. C'est que le goût, tel qu'on l'entend dans la vie quotidienne et chez les gastronomes, est en fait un complexe de plusieurs modalités sensorielles dont l'odorat constitue la composante principale.

En effet, l'odeur des aliments et des liquides enrichissent considérablement le goût et font la saveur des fruits ou le bouquet d'un vin ; en particulier par le passage des molécules odorantes en arrière du pharynx, c'est la rétro-olfaction. À l'inverse, lorsqu'on est enrhumé, il ne reste plus grand-chose du « goût ». Une autre composante du goût de la vie de tous les jours correspond aux sensibilités tactiles car la peau de la langue et de la bouche contient les mêmes récepteurs tactiles que la peau de la main ou du dos. Les récepteurs tactiles de la langue et de la paroi de la bouche déterminent ainsi des sensations de chaud, de froid, de toucher, que l'on retrouve dans le vocabulaire des gastronomes, en particulier des goûteurs de vin, chambré (chaleur), râpeux (astringent pour les œnologues), soyeux, velouté (tactile). La langue et les muqueuses de la bouche contiennent dix fois plus de récepteurs tactiles au cm² que le bout des doigts. Par exemple, on ne sent pas au bout des doigts l'électricité de la pile d'une lampe de poche (4,5 volts) alors qu'on la sent du bout de la langue.

Mais alors qu'est-ce que le goût ? Le goût, au sens strict, est permis par l'excitation de bourgeons gustatifs contenant des chimiorécepteurs (neurones spécialisés). Mais ces bourgeons gustatifs sont eux-mêmes bien cachés. Quand on tire la langue, on voit des sortes de boutons, ce sont les papilles qui renferment ces bourgeons gustatifs. Les papilles ont différentes formes et grosseurs (Fitzpatrick, in Purves *et al.*, 2005, et diverses sources). Les papilles fongiformes car elles ont la forme de champignons sont les plus nombreuses. Sur les côtés en arrière, il n'existe que deux papilles foliées sur chaque flanc mais la vingtaine de feuilles superposées contient 600 bourgeons. Enfin, neuf grosses papilles caliciformes (en forme de calice) sont rangées en forme de V à l'envers, comme des chevaliers prêts à faire barrière aux aliments dangereux, à l'entrée de l'œsophage ; les caliciformes ont un peu la forme de mûres, et leurs parois renferment 250 bourgeons, soit plus de 2000. Au total, la langue dispose de 4000 bourgeons gustatifs, renfermés dans des centaines de papilles.

La stimulation à l'aide d'un petit poil (comme une brosse à dents à un seul poil) trempé dans une solution, et des méthodes de stimulation électrique (fine) montrent qu'il y a seulement cinq sensations gustatives. Et c'est la même chose chez la plupart des animaux, ce qui montre de manière assez évidente que ces sensibilités ont une utilité adaptative (par la sélection naturelle ; Le Magnen, 1951). Sans ordre de primauté, le premier goût est le salé : dont le prototype est le sel de cuisine (NaCl). Il correspond à l'élément vital dès l'origine de la vie, l'eau salée de l'eau de mer ; chez les animaux terrestres, on sait que le sang (et autres éléments liquides, lymphe, etc.) est un milieu aquatique interne. Le besoin de sel est tellement indispensable qu'il était considéré dans les pays chauds comme un élément précieux (ex. caravanes de s mel). La sudation entraîne une perte de sel qu'il est vital de remplacer. Le sodium contenu dans le sel est par exemple une des molécules clés de la transmission nerveuse. Le deuxième goût est le sucré : le glucose est l'aliment apportant l'énergie des muscles et du cerveau ; pour le goût, le prototype du sucré est le saccharose (sucre ordinaire) qui est composé de 2 molécules de glucose ; l'amidon (farine, pomme de terre, etc.) est une chaîne de molécules de glucose. La salive contient une enzyme qui découpe l'amidon en molécules de glucose ; il est donc souhaitable de prendre son temps pour manger. Le troisième goût détecte l'acide, dont le prototype est l'acide chlorhydrique, HCl. Les acides détruisentles tissus de sorte qu'il y a nécessité d'une grande sensibilité à la teneur en acide, afin de préserver les tissus. La quatrième saveur, l'amer, dont le prototype est la quinine, semble correspondre à une protection qu'ont acquise nos ancêtres animaux car beaucoup de poisons, par exemple dans les champignons, sont des alcaloïdes avec ce goût d'amertume. Enfin, longtemps controversé, l'*umami* (prononcer *ouh mamy*) est la cinquième saveur reconnue par les scientifiques : en 1908, le Japonais Kiunae Ikeda avait détecté un goût non réductible aux quatre goûts classiques, il l'a baptisé *umami*, de *umaï* et *mi*, « délicieux » et « essence » en japonais. Il correspond à la perception des acides aminés (constituant des protéines végétales et animales) dont le glutamate est la saveur prototype. En découvrant en l'an 2000 un récepteur gustatif spécifique du glutamate (et autres acides aminés), des chercheurs de l'université de Miami ont ainsi confirmé l'existence de ce 5e goût.

Pour conclure

Mais comment le cerveau distingue-t-il les cinq saveurs gustatives? On a longtemps pensé que les bourgeons étaient spécialisés selon les papilles sur la base de seuils gustatifs différents découverts par Deiter Hanig en 1901. L'avant de la langue est plus sensible au sucré, les bords à l'acide et l'arrière (les «soldats» caliciformes) à l'amer. C'est ainsi que l'on trouve dans beaucoup de livres une carte de la langue mais il ne s'agit que de différences de seuils gustatifs car il est bien établi maintenant que tous les bourgeons «sentent» les 5 saveurs.

Comment font donc ces petits bourgeons? Ils sont certes petits (50 μ de diamètre) mais contiennent 50 à 150 cellules olfactives. Des découvertes très récentes, alliant des techniques comportementales, génétiques, micro-électrophysiologiques, résolvent le mystère du codage des 5 sens. Avec ce genre de technique sophistiquée, Jayaram Chandrashekar et ses collègues (2006) semblent avoir résolu le mystère. En fait, les cellules gustatives de chaque bourgeon ne sont pas quelconques mais spécialisées pour chacun des 5 sens. Ainsi chaque bourgeon gustatif contient 5 types de cellules gustatives spécifiques dont les microvillosités captent les molécules d'un seul goût. Chaque cellule gustative est relayée par un neurone spécialisé qui envoie par «ligne directe» le message au cerveau, permettant ainsi de sentir cinq saveurs uniques.

Mais il existe d'énormes différences de sensibilité à la fois dans le règne animal, par exemple le papillon monarque a une sensibilité au sucré estimée comme étant 1 000 fois supérieure à celle de l'homme, mais aussi entre les substances puisque, chez l'homme, certains sels paraissent plus salés que d'autres dans des proportions parfois énormes (jusqu'à 400 000 fois), d'où les goûts et les dégoûts.

43 Pourquoi mon chien a-t-il un meilleur odorat que le mien ?

À l'inverse du goût qui se réduit à quatre catégories sensitives, l'odorat produit des sensations pour des milliers de substances chimiques en suspension dans l'air (homme et animaux terrestres) ou dans l'eau (animaux aquatiques). Chez l'homme, quelque 10 000 odeurs seraient discriminables de sorte que pour certains l'habileté du parfumeur à distinguer et à combiner différentes odeurs relève plus de l'art que de la science (Labows et Wysocki, 1984). Plusieurs ont essayé de les classer, en vue d'applications industrielles (industries alimentaires, cosmétiques). Voici une classification assez complète en dix types d'arômes proposée dans un guide des vins :

Tableau 3.2 – Exemples d'odeurs (d'après *L'Art du vin*, Gilbert et Gaillard, 1999)

Type d'arôme	Exemples
Odeurs fruitées	Pomme, poire, raisin, framboise, citron, pamplemousse...
Odeurs florales	Violette, œillet, rose, tilleul, verveine, aubépine, jasmin...
Odeurs balsamiques	Balsamier (arbre à la résine très parfumée), pin, cire, encens...
Odeurs brûlées	Pain grillé, tabac, café, cacao...
Odeurs épicées	Poivre, cannelle, girofle, vanille, laurier, muscade...
Odeurs animales	Cuir, venaison, fourrure, musc...
Odeurs végétales	Herbe, foin coupé, chicorée, artichaut, mousse, feuille morte...
Odeurs boisées	Bois, vieux bois, cèdre, santal...
Odeurs minérales	Argile, schiste, silex, craie...
Odeurs éthérées et chimiques	Acétone, savon, levure, alcool, pétrole, métal, soufre, œuf pourri...

Mais il est difficile de s'accorder sur des catégories simples tant la diversité des odeurs est grande. Par exemple, un ouvrage de référence sur les parfums et odeurs chimiques (Arctander) présente près de 2 500 substances pures décrites à l'aide de 250 mots (Chastrette, Elmouaffek et Zakarya, 1986).

L'odorat commence lorsque les molécules odorantes, inhalées par l'air de la respiration, se fixent sur l'épithélium (= peau) olfactif situé sur le plafond des fosses nasales et séparé du cerveau par une simple couche osseuse percée par des petits canaux. L'épithélium olfactif contient dix millions de neurorécepteurs qui, à l'inverse des neurones du cerveau, sont régénérés dès qu'ils meurent ; les neurorécepteurs contiennent des cils qui retiennent les molécules odorantes par des capteurs. Ces capteurs (sortes de serrures) retiennent seulement des molécules odorantes spécifiques, de même que des serrures ne vont que pour certaines clés. La liaison d'une molécule odorante sur un site de réception déclenche alors un signal bioélectrique qui est communiqué vers le bulbe olfactif puis le cortex olfactif pour la reconnaissance des odeurs comme des « formes » d'objets.

Richard Axel et Linda Buck (Axel, 1995) ont obtenu le prix Nobel en 2005 pour leur découverte identifiant les gènes des chimiorécepteurs, les « serrures » des odeurs. Ils ont découvert que sur les 30 000 gènes humains, il y en avait 1 000 qui codaient les chimiorécepteurs, ce qui est énorme mais se comprend si l'on se rappelle que chez les animaux, les odeurs servent aux fonctions vitales, de la nourriture à la reproduction. Par exemple, les abeilles dans une ruche prennent leurs ordres de la reine qui émet certaines odeurs qui servent de signal. Mille capteurs, c'est impressionnant, mais déjà ce nombre important ne couvre pas les 10 000 odeurs discriminables par les humains ; il faut donc supposer qu'une odeur correspond à

☛

l'excitation de plusieurs sites récepteurs, un peu comme un visage par partir de différents organes, nez, yeux, etc. Le cerveau, en faisant la carte des glomérules activés dans le bulbe, dessinerait en quelque sorte le profil d'une odeur.

Pour conclure

De même que pour le goût, les sensibilités varient énormément entre les individus et surtout entre certaines espèces. Les systèmes récepteurs de la muqueuse olfactive disposent déjà d'un nombre très variable de cellules réceptrices (Le Magnen, 1969), 10 millions pour l'homme et 200 millions chez le chien berger allemand. Ces différences, peut-être même démultipliées au niveau du cerveau (bulbe olfactif), expliquent les extraordinaires performances de certaines espèces. Le chien berger a une sensibilité 1 million de fois supérieure à l'homme. Voilà pourquoi il sent l'arrivée de son maître avant même qu'on ne voie la voiture au bout de la rue. Ce n'est pas un 6e sens, c'est l'odorat. Cet odorat extraordinaire de certains chiens est mis à profit pour rechercher des personnes disparues ou détecter de la drogue ou des explosifs. Mais le record est cependant détenu par les poissons migrateurs. Les saumons ont un odorat si prodigieux qu'il permet aux rescapés des longues migrations de reconnaître «chimiquement» la rivière de leur enfance.

44 Le parfum qui rend amoureux existe-t-il ?

Dans un de ses célèbres « souvenirs entomologiques », Jean-Henri Fabre raconte qu'ayant capturé un bombyx femelle, grand papillon de nuit assez rare, il l'avait mis dans un appentis sous une volière. Quelle ne fut sa surprise, au matin, de voir plusieurs bombyx mâles (alors qu'il n'en existe qu'un au km²) voleter autour de la cage. Mettant cette fois le bombyx femelle sous une cloche de verre, les mâles sont repartis. Fabre en déduisit à juste titre que les bombyx avaient repéré, à plusieurs kilomètres, les émissions de molécules sexuellement attirantes. Ces odeurs, qui déclenchent spécifiquement un comportement (pas seulement sexuel, par exemple la peur), ont été appelées phéromones.

Chez les mammifères, les odeurs sexuelles (phéromones) sont détectées par un système spécial, l'organe voméronasal, sur le plancher des fosses nasales ; lorsque cet organe est détruit chez les souris, elles ne s'accouplent plus. Chez les vertébrés, cette phéromone correspondrait à une famille de composés chimiques (Amoore et coll., 1977), principalement le musc (chez l'animal) et, chez l'homme, l'androsténol et androsténone (de *andros*, qui signifie homme en grec) ; ainsi, la truie refuse de s'accoupler si cette odeur n'est pas présente. Une catégorie d'odeurs sexuelles est contenue dans l'urine et la sueur et une autre catégorie dans le musc. Certains animaux (rat musqué, baleine) fabriquent par une glande spéciale une grande quantité d'une substance réputée aphrodisiaque, le musc ou ambre gris, utilisée pour cette raison dans les parfums ; le musc n'existe pas chez l'homme mais des odeurs apparentées existent peut-être dans le sébum. Les odeurs

« sexuelles » sont secrétées par une glande liée aux poils de la peau, les glandes apocrines, plus volumineuses chez l'homme, notamment sous les aisselles, et certains pensent que c'est la raison pour laquelle les femmes de nos cultures se rasent (Doty, 1981).

L'effet sexuel de cette odeur est controversé, certains pensant qu'elle est active car cette odeur stimule des fantasmes sexuels chez des personnes qu'on a fait attendre sous un prétexte, dans une salle où l'on diffuse cette phéromone. Mais d'autres chercheurs ne retrouvent pas ces résultats. Ce qui n'a pas empêché de diffuser une phéromone sexuelle dans l'hôtel britannique où s'est déroulé le lancement d'un disque de Madonna. Les différences de sensibilités pourraient en être la cause ; ainsi certains individus ont une sensibilité telle qu'ils détectent des concentrations de l'ordre de 10 parts pour un trillion de volume d'air (un millionième de millionième de millionième) de sorte qu'une concentration supérieure leur apparaît comme une odeur repoussante d'urine ; les femmes ont des seuils trois fois plus bas que les hommes notamment aux menstruations. Pour ceux qui sont sensibles à cette odeur, ce ne seraient donc chez l'homme que des doses infinitésimales qui seraient excitantes. Au-dessus d'une très faible quantité, ces odeurs provoquent des réactions de rejet (odeur de transpiration dans les ascenseurs ou dans la foule) plutôt que d'attirance.

Pour conclure

Pour plaire donc, nul besoin de forcer sur le parfum mais éviter le souper aux chandelles juste après le jogging…

45 Pourquoi certains sons vous paraissent-ils harmonieux et d'autres totalement discordants ?

Le son est une sensation complexe. Sur le plan physique, l'onde sonore correspond aux molécules qui s'entrechoquent comme des gens dans une foule ou des dominos alignés qu'on fait tomber à la chaîne. Le son commence par un choc, coup sur une caisse, pression d'air brusque dans un tuyau. Ce choc bouscule les molécules d'air qui cognent leurs voisines et ainsi de suite jusqu'à la perte d'énergie, provoquant une onde sonore comme une vague. Dans l'air (le cas le plus courant pour l'homme), l'onde sonore se déplace à la vitesse de 340 mètres par seconde, soit 1 200 km/h, le fameux mur du son.

Physiquement, le son s'analyse comme une onde complexe périodique (qui se reproduit avec la même forme) ; lorsque l'onde n'est pas régulière, périodique, elle est perçue comme un bruit. Cette onde complexe s'analyse selon 3 paramètres physiques, qui correspondent à 3 catégories de sensations auditives. La force du son (pression) ou intensité, qui correspond par exemple au volume de votre poste de radio ou de télévision. L'intensité du son est mesurée en décibels en l'honneur de Graham Bell, un des inventeurs américains du téléphone. La fréquence correspond au nombre de vibrations (vagues) par seconde et elle est perçue comme la hauteur. Lorsque les vibrations sont très nombreuses (plein de petites vagues), nous percevons le son comme aigu et lorsque les vibrations sont peu nombreuses et amples (comme des vagues amples), le son nous paraît grave. La fréquence est mesurée en Hertz, en hommage à un physicien allemand ayant travaillé sur les phénomènes vibratoires.

Il existe un troisième paramètre qui correspond à la complexité de l'onde, le timbre. En effet, une onde sonore (visualisée sur un écran vidéo comme dans le schéma) est le produit de plusieurs ondes sinusoïdales simples qu'on appelle en musique « la fondamentale » pour l'onde la plus forte (celle qui détermine la note de musique) et les harmoniques. Le nombre et la spécificité des harmoniques font la « personnalité » d'un instrument de musique et nous font percevoir différemment une note identique jouée sur un piano ou un saxophone, ou encore par la voix humaine.

Figure 3.2 – L'onde sonore est comme une vague complexe qui s'analyse en « vagues » élémentaires, la fondamentale et les harmoniques

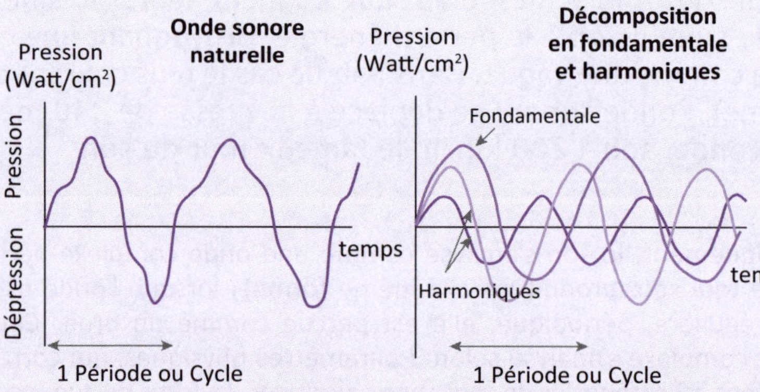

Ce phénomène de fréquence permet de comprendre deux grandes notions en musique, l'octave et les accords. L'octave correspond approximativement au doublement de la fréquence à chaque octave, par exemple, les *do* correspondent à 16, 32, 64, 128 Hertz, jusqu'à plus de 16 000. En ce qui concerne l'accord, on s'aperçoit que la 1re harmonique est la fréquence de la douzième note au-dessus de la note du son fondamental et la 2e harmonique est la 17e note au-dessus : par exemple pour un do, la 12e est un sol et la 17e est un mi, les 3 notes jouées ensemble forment un son agréable, c'est le principe de l'accord parfait.

☛

Les limites moyennes perceptibles vont approximativement de 20 Hz (Hertz = nombre de vibrations par seconde), sons très graves de l'orgue, à 20 000 Hz, les sons les plus aigus ; voici quelques exemples : les voix d'hommes vont de 100 à 200 Hz ; des femmes de 150 à 300 Hz et celles des enfants sont plus aiguës, de 200 à 400 Hz. Cependant tout dépend des voyelles, le « o » est environ à 150 Hz tandis que le « i » monte jusqu'à 2 500 Hertz. Les instruments de musique couvrent une gamme de sons plus étendue, le piano de 27 à 4 150, tandis que l'orgue couvre toute la gamme audible de l'homme, de 16 Hz pour les sons les plus graves (les tuyaux les plus graves) jusqu'à 16 700, c'est-à-dire les notes les plus aiguës pour la plupart des gens. Car en effet, la sensation d'aigu arrive très vite puisqu'une chanteuse d'opéra peut chanter jusqu'à 1 150 Hertz et qu'une flûte très aiguë « monte » à 4 550. En fait, les sons les plus aigus font souvent partie d'harmoniques.

Pour conclure

Parmi nos amis les animaux, nos performances sont excellentes, mais nous sommes dépassés par certains : par exemple les chauves-souris entendent, selon leur espèce, jusqu'à 50 et 100 kHz (100 000 Hertz) ; quant au dauphin, il perçoit des sons jusqu'à 150 kHz : s'il appréciait l'opéra, il trouverait que les sopranos ont la voix très grave…

46 Pourquoi la musique vous donne-t-elle envie de danser ?

C'est l'oreille qui permet de transformer le choc des molécules en signaux bioélectriques aboutissant à la création de l'univers sonore par le cerveau. L'oreille est composée de 3 parties dont la plus visible est… la moins nécessaire ! En effet, l'oreille externe (le pavillon) fait converger les ondes sonores au niveau du tympan, comme un entonnoir ; d'ailleurs le fennec, un petit renard du désert, ou les chauves-souris ont d'immenses oreilles. Mais le dauphin n'en a pas (ça le ralentirait dans l'eau), ce qui montre que le pavillon n'est pas nécessaire à l'audition. Le conduit de l'oreille se termine par le tympan, une membrane qui vibre en fonction de la pression des molécules de l'air, exactement comme la peau d'un tambour. L'oreille moyenne est formée de trois petits os, marteau, enclume et étrier, qui s'emboîtent de manière à amplifier les résonances du tympan.

Figure 3.3 – L'oreille est composée de 3 parties, l'oreille externe (pavillon) canalise les ondes sonores qui font vibrer le tympan ; l'oreille moyenne est composée de 3 petits osselets, qui amplifient les vibrations et les communiquent à une membrane (fenêtre ovale) au départ de la cochlée (ou limaçon). C'est dans la cochlée que les vibrations sont analysées

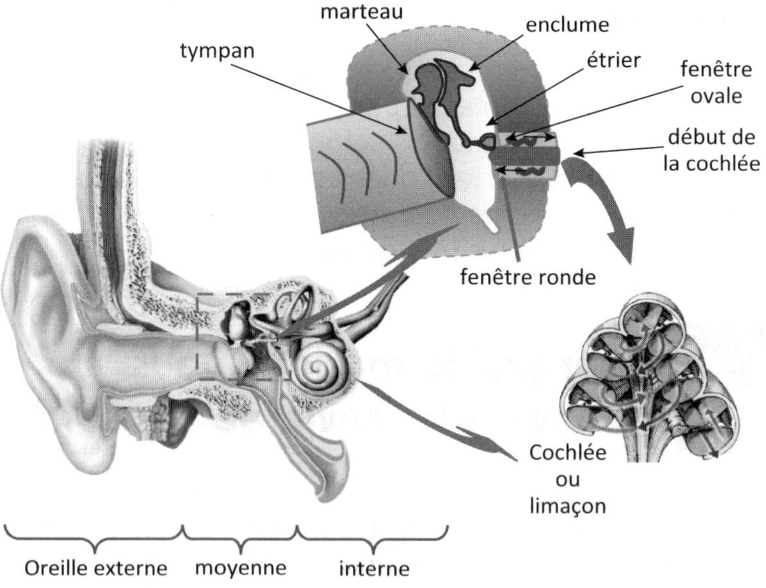

L'oreille interne est composée d'un os creux qu'on appelle le limaçon en raison de sa forme de coquille d'escargot et qui renferme l'organe nerveux responsable des sensations auditives, la cochlée (on prononce *coclé*). La cochlée est constituée d'une paroi membraneuse tapissant l'intérieur du limaçon et d'une membrane qui flotte dans le liquide interstitiel (sorte d'eau de mer) comme une algue au gré des vagues. En ondulant, la membrane frotte les cils de neurones spécialisés encastrés dans la base. Ces stimulations au gré des vagues dans le limaçon déclenchent les potentiels bioélectriques, début du signal auditif. Les neurones envoient leurs axones, qui se réunissent pour former le nerf auditif. Celui-ci transporte les informations dans différents centres du cerveau, lesquels, selon leur spécialité, interpréteront le signal comme du bruit, de la musique ou des paroles…

C'est un physiologiste hongrois, Georg von Bekesy (prix Nobel de médecine en 1961), qui observa le premier les ondulations sur de véritables limaçons d'animaux, percés de petites fenêtres. Un limaçon étant minuscule, il fit des pieds et des mains pour obtenir le limaçon d'un éléphant dont il avait appris la mort au zoo. Après des recherches patientes, il montra que le sommet des ondulations se situe à l'entrée du limaçon pour les fréquences hautes (sons aigus) et de plus en plus loin vers le sommet du limaçon pour les sons de basse fréquence (sons graves). Cette particularité explique que la surdité commence par les aigus, là où, à l'entrée du limaçon, les sons sont les plus forts.

Pour conclure

Certains paramètres sonores sont liés aux phénomènes de pression, le choc des molécules contre le tympan, qui parfois entraînent sa rupture. Mais le son est transformé dans l'oreille interne en ondulations et c'est probablement là l'origine de la danse, c'est-à-dire notre tendance irrésistible à associer des mouvements ondulatoires aux sons.

47 Pourquoi est-ce dangereux d'écouter la musique à plein tube ?

Les ingénieurs du son mesurent l'intensité sonore en décibels. Le seuil de douleur, c'est-à-dire lorsque le choc des molécules sur le tympan provoque la douleur, est de 100 décibels. Dans la vie courante, de nombreux bruits sont très intenses, en voici quelques exemples avec des bruits de différentes intensités, sous la forme d'un « thermomètre » du bruit :

Figure 3.4 – L'échelle des décibels

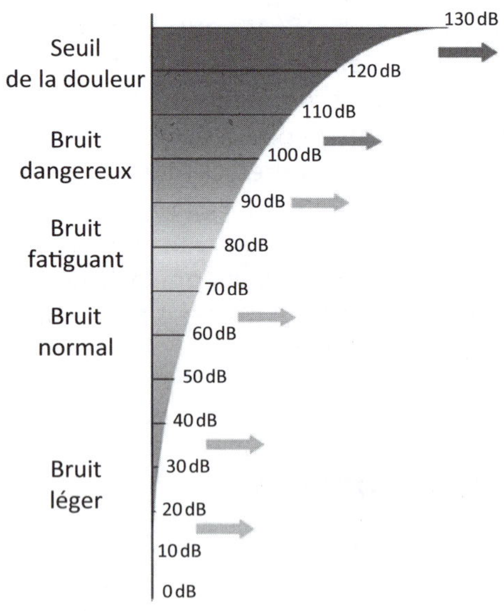

Les sons jusqu'à 50 dB (un lave-linge silencieux) sont peu élevés mais, à partir de 80 dB, deviennent fatigants ou gênants (rue ou restaurant bruyants). C'est le signe d'une pression trop forte sur les organes auditifs, qui risquent d'être endommagés au-dessus de 100 dB (encart).

Or la perception des sons selon leur fréquence dépend aussi de l'intensité sonore. Ainsi, comme on le voit dans un audiogramme, le seuil auditif (la plus petite intensité perceptible) n'est que de quelques décibels pour les fréquences médium, comme la voix humaine, alors qu'il faut mettre le son très fort, proche de 100 décibels, pour entendre les fréquences extrêmes, très graves (20 Hz) ou très aiguës (au-delà de 4 000 Hz). C'est à cause de cette caractéristique de notre audition que nous écoutons la musique à un volume très élevé (concert, sortie en boîte, baladeurs, etc.) afin de bien entendre les aigus et les graves, mais c'est une pratique dangereuse.

Figure 3.5 – Audiogramme : il faut mettre plus fort pour entendre les sons extrêmes, graves (15 à 100 Hertz) ou aigus (8 000 ou 16 000 Hertz)

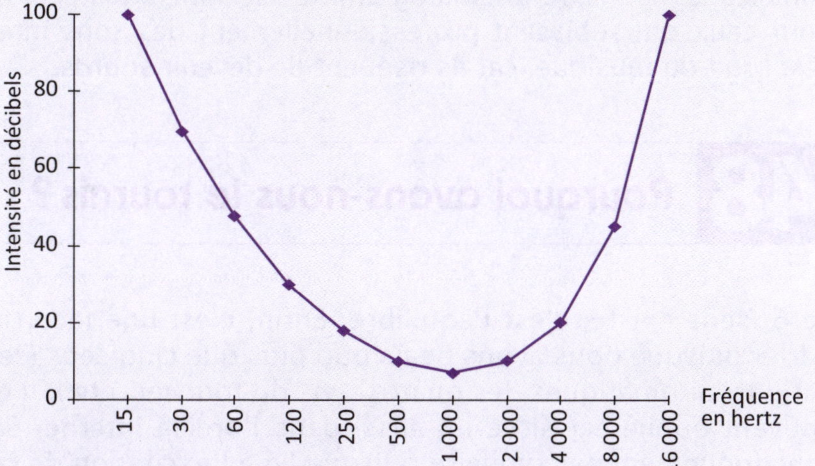

En effet, l'intensité provient du choc des molécules de l'air, de sorte qu'une intensité excessive peut détruire les éléments fragiles de la cochlée ; des expériences montrent que des cobayes soumis à des sons de 130 décibels pendant vingt minutes subissent des détériorations définitives de la cochlée : les membranes de celle-ci se cognent et détruisent les neurorécepteurs ciliés de l'organe de Corti, ce qui entraîne la surdité définitive.

Pour conclure

Des enquêtes dans différents pays révèlent que de plus en plus de jeunes gens ont des surdités du fait des habitudes modernes d'écoute à de fortes intensités, les baladeurs (80 à 110 dB), les concerts rock (100 à 115 dB), etc.; la mesure de l'audiogramme des recrues en Norvège a montré que le pourcentage de jeunes ayant des pertes auditives pour les aigus était passé de 18 à 35 % de 1981 à 1987 (Rabinowitz, 1992): les aigus correspondent en effet aux stimulations du début de la cochlée, là où le son est le plus fort (puisque l'énergie va s'épuiser le long du limaçon). Une recherche française sur plus de deux mille lycéens en 1994 a montré un déficit moyen de 10 décibels dans les aigus[1]. Faire un audiogramme est donc une nécessité pour ceux qui subissent professionnellement des sons intenses, bruit ou musique, car ils risquent de devenir sourds.

48 Pourquoi avons-nous le tournis ?

Le 6e sens existe, c'est l'équilibre. Enfin, c'est une façon de parler puisque nous avons beaucoup plus que cinq sens (sensations automatiques, les quatre sens du toucher, etc.). Il est souvent oublié car situé lui aussi dans l'oreille interne. Son fonctionnement est similaire puisque lié à l'excitation de cellules ciliées dans des cavités situées dans l'os du limaçon: l'utricule et le saccule pour un système statique et 3 canaux semi-circulaires pour les sensations de déplacement (sensation de tournis dans la valse, etc.)...

1. Source: MGEN, octobre 1995.

De nombreuses expériences révèlent que le saccule et l'utricule contiennent des cellules ciliées dont les cils sont englués dans une gélatine contenant à sa surface les otolithes, petits cristaux de calcaire.

Figure 3.6 – L'équilibre est permis par le système vestibulaire (d'après Lieury, 2008)

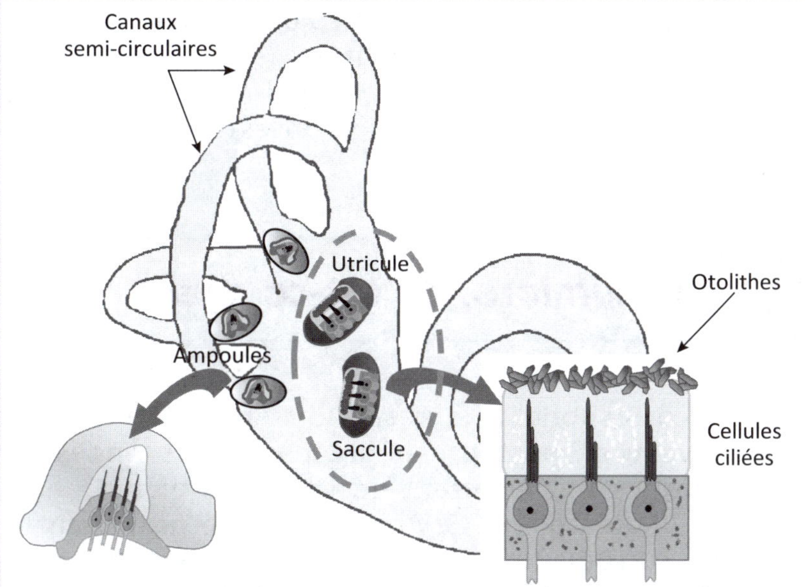

L'équilibre statique est permis par 2 petits « sacs », le saccule et l'utricule, contenant des grains de calcaires (otolithes) qui excitent les cils de cellules ciliées. L'équilibre dynamique est produit par les canaux semi-circulaires dont le liquide interne fait bouger des cellules ciliées contenues dans l'ampoule, à chaque base.

Le poids des otolithes, quand on penche la tête ou que notre corps subit une accélération (ex. voiture, avion), fait bouger les cils des cellules ciliées, ce qui déclenche un signal bioélectrique. La taille des cils des cellules ciliées est telle que certains chercheurs les ont comparés à la tour Eiffel qui bougerait sur sa base, exerçant une force énorme ; un infime déplacement suscite donc une sensation de mouvement et voilà pourquoi beaucoup ont le mal des transports ou ne peuvent monter dans un manège.

Pour conclure

Pour certains chercheurs, la sensation de tournis, voire de mal des transports, proviendrait d'un conflit d'interprétation entre notre sens dominant, la vue, qui ne donne pas d'informations de mouvements, par exemple en voiture ou en avion, alors que le cerveau reçoit des informations de mouvements parfois violents par les organes de l'équilibre. D'ailleurs, on remarque, en voiture, qu'il suffit de bien regarder la route pour atténuer ce mal des transports, qui n'existe généralement plus lorsqu'on est aux commandes de la voiture.

49 La lumière, qu'est-ce c'est ?

La vision correspond à la réception et à l'interprétation par le cerveau d'une toute petite partie des ondes électromagnétiques qui émettent des photons et qui ont des propriétés ondulatoires. Ces ondes, qui se propagent à la vitesse de 300 000 km/s (dans le vide), vont des rayons cosmiques aux ondes radio selon leur longueur d'onde. Par exemple, les émissions de radio qui émettent dans les « grandes ondes » comme France Inter ou Europe 1 ont des ondes de l'ordre du kilomètre tandis que les rayons X ont une longueur d'onde en dessous du milliardième de mètre (= nanomètres).

La partie visible de ces ondes, appelée spectre lumineux ou spectre visible, se situe entre 400 et 700 nanomètres, c'est-à-dire juste en dessous du micron (1 000 nanomètres = 1 micron).

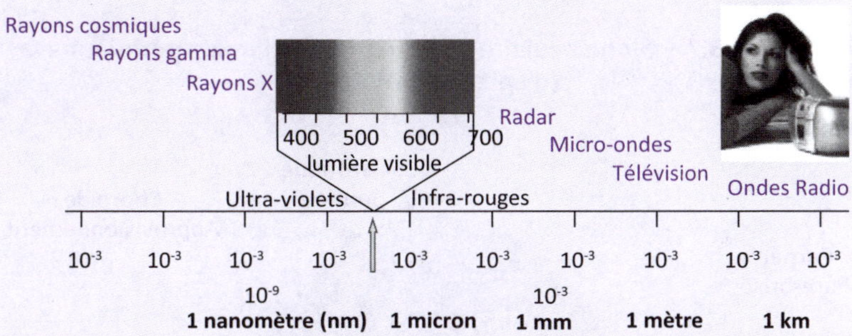

La plupart des animaux perçoivent le même spectre mais il y a des exceptions : l'abeille voit une partie des ultraviolets tandis que des papillons de nuit voient des infrarouges.

Pour conclure

Nous sommes donc entourés par les ondes mais nous n'en voyons qu'une infime partie. Nous ne voyons ni les rayons cosmiques ni les ondes radio, ni celles de notre micro-onde ou téléphone portable. Heureusement que ceux qui n'aiment pas les ondes ne le savent pas !!!

50 Pourquoi devrions-nous voir à l'envers ?

L'œil peut être comparé à une caméra ou à un appareil photographique : sa fonction est de « fabriquer » une image sur le fond de l'œil. Les premiers à avoir compris que l'œil est un système optique (l'appareil photographique n'existait pas) sont Léonard de Vinci et Descartes.

Figure 3.7 – Globe oculaire et formation de l'image rétinienne (d'après Lieury, 2008)

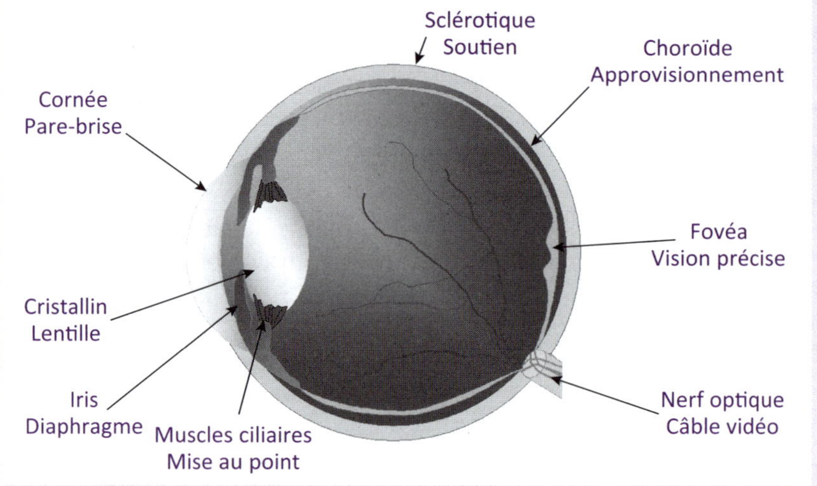

L'œil contient des couches transparentes courbées qui fléchissent les rayons lumineux réfléchis (= renvoyés) par les objets ; ces rayons réfléchis forment sur le fond de la rétine des petites images comme la projection d'une diapositive sur un écran. Une des couches est la membrane transparente en avant de l'œil : la cornée. Derrière elle se trouve une sorte de petit « œuf » transparent, le cristallin, qui joue le rôle d'un *zoom* ; en effet, cette « lentille » convergente qu'est le cristallin est plus ou moins contractée ou étirée sous l'action des muscles ciliaires, afin de faire varier la convergence (= accommodation). Par exemple, si l'objet est près, le cristallin va se bomber pour faire une image plus petite.

Devant le cristallin existe un « diaphragme » constitué de muscles circulaires, l'iris, qui donne la couleur des yeux. Le trou formé par l'iris est la pupille ; elle apparaît noire alors qu'en fait, il ne s'agit que d'un trou ; la pupille se rétrécit lorsque la luminosité est trop forte pour ne pas brûler la rétine et s'agrandit dans la pénombre.

Pour conclure

De la structure du globe oculaire dépendent déjà un grand nombre de phénomènes comme la myopie, provoquée par une trop forte convergence de l'œil.

Si vous n'avez pas fait d'optique au cours de vos études, regardez bien le schéma. La propagation des rayons lumineux en ligne droite à travers la lentille fait que l'image de l'objet est inversée sur un écran (dans l'œil sur la rétine). Et pourtant nous voyons à l'endroit... c'est le cerveau qui rétablit l'image dans le bon sens.

51 Pourquoi voit-on la vie en rose ?

Nous sommes habitués à voir en couleurs et c'est un étonnement de rencontrer parfois une connaissance qui voit en noir et blanc. En fait, le noir et blanc est plutôt la règle chez la plupart de nos ancêtres les animaux. Si nous voyons, c'est grâce à une couche de neurones spécialisés, la rétine, qui sert de «pellicule» à notre appareil photographique qu'est l'œil. Cette rétine est en particulier composée de deux principales cellules qui transforment la lumière en signal électrique, les cônes et les bâtonnets (c'est facile à retenir, c'est comme les glaces !). Or les bâtonnets voient en noir et blanc tandis que les cônes voient en couleur, comme l'ont établi de nombreuses expériences. Mais tout a commencé par un physicien anglais, Thomas Young, qui, sans le savoir, avait fait une expérience de psychologie...

La lumière visible nous apparaît blanche mais elle est physiquement complexe ; elle est composée de longueurs d'ondes différentes qui se décomposent dans un prisme pour donner les couleurs de l'arc-en-ciel (dans l'arc-en-ciel, les gouttes d'eau fonctionnent comme des prismes). Seule une lumière de même longueur d'onde, appelée monochromatique, produit une couleur pure, dite également spectrale ; la recherche en vision des couleurs porte sur ces couleurs pures ; les couleurs courantes correspondent aux longueurs d'ondes approximatives suivantes (en nanomètres, c'est-à-dire milliardièmes de mètre) (voir 3e de couverture) :

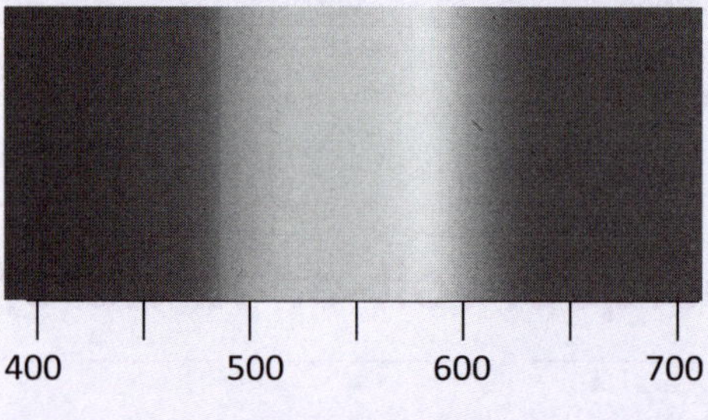

Thomas Young, physicien anglais (1801), fut inspiré par Newton, qui ne pouvait concevoir qu'une multitude de récepteurs soient à l'origine de notre perception des teintes colorées (en moyenne, nous percevons 128 nuances de couleurs). Young réalisa des expériences de mélange de couleurs pures et démontra la possibilité de produire pratiquement toutes les couleurs à partir de trois couleurs, c'est la théorie trichromatique.

Figure 3.8 – Le mélange du rouge, du vert et du bleu permet de composer toutes les couleurs (voir 3e de couverture)

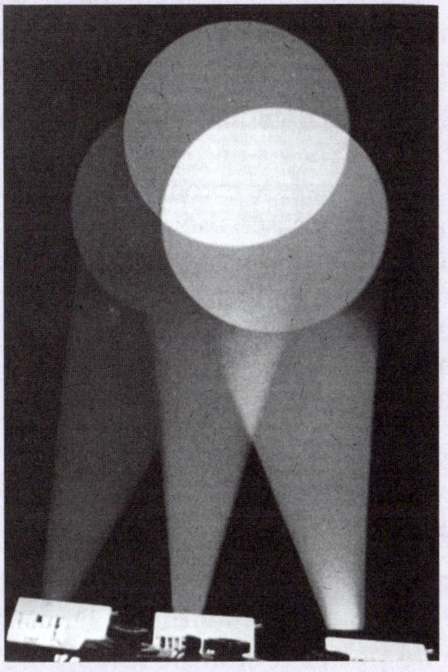

Mais comme plusieurs couleurs de base peuvent être utilisées avec des résultats voisins, c'est le grand physiologiste allemand Hermann von Helmoltz (1821-1894) qui découvrit par des expériences « psychologiques » (à l'époque on disait « physiologiques ») que les meilleures couleurs fondamentales sont le rouge, le vert et le bleu.

Les recherches modernes ont confirmé que la vision des couleurs était permise par 3 sortes de cônes qui contiennent soit un pigment rouge, soit un pigment vert, soit un pigment bleu. Pourquoi voyons-nous le jaune ? Contrairement aux couleurs du peintre, le jaune n'existe pas en tant que couleur primaire (pas de cône ou de pigment du jaune) mais il nous apparaît lorsque les cônes rouge et vert sont stimulés en même temps.

☛

Beaucoup de vertébrés diurnes ont des rétines mixtes composées de cônes et bâtonnets et distinguent des couleurs, comme les singes, les oiseaux diurnes y compris les poulets. Mais la plupart des autres animaux, chien, cheval, vache, etc., ont des rétines essentiellement composées de bâtonnets, non sensibles à la couleur. Sa majesté le chat lui-même ne paraît pas distinguer les couleurs (Bonaventure, 1965).

Chez l'homme, les 3 gènes déterminant la fabrication des 3 pigments de la vision des couleurs ont été découverts (Nathans, 1989). Le gène du pigment bleu se situe dans le chromosome n° 7, les gènes du vert et du rouge sont au bout du chromosome sexuel X (n° 23, et non sur le chromosome Y, auquel il manque une « patte »). Au cours de la duplication des chromosomes dans la division cellulaire, un chromosome peut perdre le gène vert, ou même les gènes vert et rouge. Ce déficit est appelé daltonisme, cécité au rouge et au vert, du nom du chimiste anglais John Dalton qui avait remarqué sur lui-même cette cécité.

Pour conclure

Une grande application de la théorie trichromatique est la télévision couleurs (ou plasma ou LCD). L'écran est formé d'une multitude de petits rectangles, les pixels. Chaque pixel est formé de deux séries de petits carrés contenant un pigment rouge, un pigment vert, et un bleu. Cette technologie s'appelle le système RVB (rouge, vert, bleu). Si les brevets avaient existé, Young et Helmoltz seraient milliardaires !!!

52 Deux appareils photos de millions de pixels !!!

L'œil est comme un appareil photo : sans pellicule, il ne peut rien. L'équivalent de la pellicule est la rétine, un tissu nerveux complexe. Elle contient principalement 127 millions de photo-récepteurs, ce qui est énorme lorsqu'on sait qu'un appareil numérique courant comporte 4 à 8 millions de pixels et qu'un appareil argentique (classique) équivaut à 16 millions. La vision commence avec des cellules nerveuses spéciales qui contiennent un pigment ; quand les photons frappent le pigment, il se décompose, produisant un signal bioélectrique (influx nerveux) qui est transmis par des câbles, les nerfs optiques, au cerveau. Il existe deux sortes de photorécepteurs, les bâtonnets (qu'ont tous les animaux), au nombre de 120 millions, et qui permettent la vision en noir et blanc, et 7 millions de cônes (qu'ont les humains et quelques animaux) ; ce sont les cônes qui permettent de voir en couleur.

Mais, ce qui est extraordinaire, c'est que la rétine n'est pas homogène car elle contient une zone centrale, la fovéa ; tout le reste est appelé périphérie ; un peu comme le centre-ville et la périphérie. La fovéa est toute petite, toute petite... Elle n'a en effet qu'un diamètre minuscule d'environ 0,4 mm. Néanmoins, c'est une structure extraordinaire car chaque cône est relié au cerveau par un « câblage » individualisé. Si bien que deux petits signaux lumineux séparés seulement d'un soixantième de degré sont perçus comme distincts par le cerveau. C'est cette particularité extraordinaire, que n'ont pas la plupart des animaux, qui fait l'acuité visuelle. Au contraire, les photorécepteurs de la périphérie (surtout des bâtonnets) sont réunis en grappe produisant une vision de plus en plus floue au fur et à mesure que l'on s'éloigne du centre de l'œil (où se trouve la fovéa).

Chez l'homme, l'acuité est d'une minute[1] d'angle (=1/60e de degré), ce qui est une très belle performance dans le règne animal car l'acuité n'est que de 7 minutes chez le bœuf, 18 chez les poissons, 1 chez l'abeille ; nos amis les animaux voient flou le plus souvent, les chats, les chiens, les vaches. Et si les zèbres sont rayés c'est peut-être parce que les lions, myopes, ne voient que des rayures en mouvement sans distinguer un animal précis lorsque les zèbres courent en groupe. À l'inverse, les rapaces nous dépassent ; ainsi l'aigle a une densité de cônes cinq fois plus grande que chez l'homme et la buse a deux fovéas, l'une pour voir de loin, l'autre pour voir en fort grossissement.

En général, pour des mots (Overton et Wiener, 1966) ou pour les détails de dessins (Nelson et Loftus, 1980), la vision n'est efficace avec une bonne acuité (environ 50 %) que dans un angle de 2° (1° de chaque côté du centre de fixation) ; c'est très réduit, pratiquement cela fait à peu près la longueur d'un mot. Faites en vous-même l'expérience…

Prenez un ami et faites-lui fixer du regard votre index ; puis présentez-lui sur le côté un livre. Demandez-lui de lire le titre sans déplacer son regard de votre index. Rapprochez le livre vers votre index et vous constaterez que votre ami ne pourra lire le titre que lorsque le livre sera en face de son regard (à la place de votre index)… En dehors de la vision fovéale, la vision périphérique est très floue, et c'est comme cela que voient la plupart des animaux.

1. Pour le lecteur n'ayant pas fait de physique, l'unité de mesure « minute » est commune au temps et aux angles. On doit cette ressemblance aux astronomes babyloniens (on disait « astrologues » à l'époque), qui avaient un système numérique à base de 60 subdivisions et non 10 comme dans notre système décimal.

Pour conclure

La prise en compte de cette étroitesse de l'acuité visuelle a des applications. Ainsi, dans la conduite automobile, vous avez remarqué qu'il est difficile de regarder à la fois la route et le tableau de bord ; dans certains véhicules récents, la vitesse ou des signaux d'alerte (voyants d'huile) apparaissent en fond lumineux sur le pare-brise. Un autre phénomène qui peut être compris grâce à l'étroitesse de la vision fovéale est ce que les spécialistes du témoignage oculaire appellent « l'effet de l'arme » : des chercheurs ont en effet remarqué que lors d'une agression avec arme, le témoin reconnaît moins bien l'agresseur car il a plus regardé l'arme. Enfin dans la vente et le commerce, nous nous faisons berner car les produits devant être valorisés sont placés en face des yeux ; les produits les moins chers sont souvent en dessous des genoux. Dur, dur d'être myope !!!

53 Pourquoi votre enfant a-t-il tant de mal à trouver les œufs de Pâques ?

À l'époque de Christophe Colomb et Magellan, les navigateurs exploraient les terres lointaines en prenant des repères (boussole, position du Soleil…) qui permettaient aux cartographes de dessiner le monde. La perception ne procède pas autrement, le cerveau est le cartographe et les yeux sont les explorateurs du monde visuel.

L'œil ne voit avec l'acuité de 10/10 que dans un angle si petit (la vision fovéale est de 2°, voir paragraphe précédent) que le cerveau ne peut reconstituer un panorama que par la mobilité de l'œil. Essayez donc de faire bouger votre nez ou vos oreilles !!! L'œil, tout au contraire, mis en mouvement par 6 muscles, peut se déplacer à grande vitesse et capter des informations dans de multiples directions. Ainsi, la perception des formes, ne pouvant être assurée par un seul des systèmes de la vision (fovéa ou périphérie), est en fait assurée par la coordination de la vision fovéale et de la vision périphérique dans de véritables stratégies d'exploration, les saccades et les fixations.

Alors que nous avons subjectivement l'impression d'une vision panoramique, tout se passe comme du temps des grands explorateurs. Ceux-ci notent sur leur carnet de bord les coordonnées des îles et des côtes qu'ils explorent et, de retour à terre, les cartographes font le tracé des continents...

Deux chercheurs de l'université de Berkeley en Californie, David Norton et Lawrence Stark, ont utilisé une technique d'étude très raffinée : un mince faisceau infrarouge (donc invisible pour le sujet) est réfléchi sur son œil vers la figure regardée de sorte qu'une caméra infrarouge peut enregistrer, comme un point rouge, chaque fixation de l'œil sur une partie de la figure. Or, les auteurs ont remarqué que si on faisait l'expérience plusieurs fois, les trajets oculaires tendaient à se ressembler, ce qui montre une mémorisation du trajet oculaire. De plus, lorsque le sujet doit ultérieurement reconnaître une figure vue parmi de nouvelles, on s'aperçoit que le trajet oculaire pour la figure reconnue reste similaire aux trajets de la fin de la période d'apprentissage. Il y aurait donc mémorisation des trajets oculaires, un peu comme notre explorateur se rappellerait ses principaux déplacements le long d'une côte. En fonction de ces résultats, Norton et Stark suggèrent que l'exploration d'une figure détermine le stockage de deux catégories d'informations : des informations sensorielles extraites à chaque fixation (obliques, verticales, couleurs...) correspondant à ce qui est vu par la fovéa à chaque fixation et des informations motrices concernant le déplacement des yeux. Nous ne voyons donc pas une figure, une affiche, une personne, une rue, en entier mais par petites portions et le cerveau reconstitue le tout. Ainsi, tout n'est pas parfait et il y a des ratés. Par exemple, les témoignages oculaires sont souvent lacunaires ou faux et certaines affiches détournent savamment nos yeux au risque de ne pas voir un feu rouge...

Les recherches sur l'exploration oculaire chez l'enfant montrent bien que l'exploration visuelle est très approximative et qu'elle ne devient systématique qu'au cours de longues années d'apprentissage.

Figure 3.9 – Technique d'étude de l'exploration oculaire chez les enfants (adapté d'après Vurpillot, 1974)

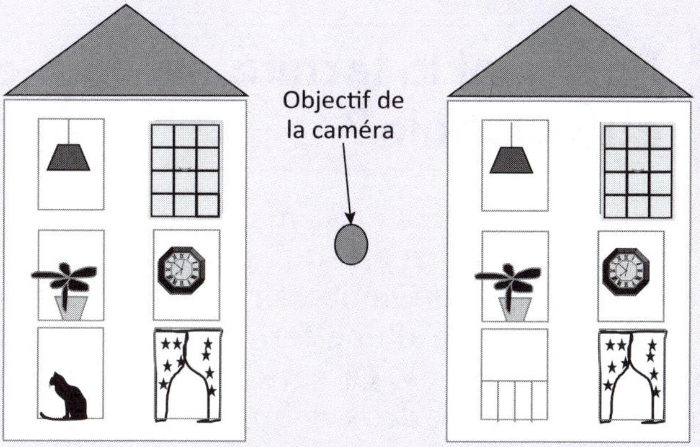

L'enfant doit comparer les fenêtres de deux façades de maisons. Une caméra placée au centre enregistre le reflet, sur l'œil, de la fenêtre fixée par l'enfant. Les résultats indiquent une augmentation des balayages horizontaux (de fenêtre à fenêtre) de 50 à 70 % entre 5 ans et 9 ans (Vurpillot, 1974). Jusqu'à cinq ans donc, les yeux de l'enfant jouent à « saute-mouton » au hasard et ne peuvent pas repérer les fenêtres identiques. Ce n'est que vers 9 ans que les yeux font des balayages systématiques, comme chez l'adulte, fixant tour à tour les fenêtres homologues (même position) dans les deux façades ; et ce n'est qu'ainsi que l'enfant peut repérer si les fenêtres sont identiques ou différentes dans les deux maisons. Car il faut qu'une fenêtre soit « en plein » dans l'angle fovéal pour être vue avec une bonne acuité ; dans le cas contraire, elle est tout bonnement absente pour le cerveau.

Pour conclure

Voilà pourquoi, les enfants ont tellement de mal à repérer les œufs de Pâques !!!

54 Pourquoi la lecture ne peut-elle être globale ?

La vision fovéale est la seule qui permette de différentier d'aussi petits détails qu'un petit trait, par exemple entre «o», «p», «d», ou la présence d'une fermeture ou non qui fait la différence entre «o» et «c». Or cette vision fovéale ne «voit» qu'une toute petite partie, deux degrés d'angle, c'est-à-dire un mot de quatre lettres dans un livre à 50 cm. À l'inverse, la périphérie voit flou mais sur plus de 180° d'angle. C'est pourquoi les yeux bougent tout le temps, notamment dans la lecture.

La lecture est un exemple privilégié d'étude des mouvements oculaires. Lorsque nous lisons, notre vue n'est pas du tout panoramique et les yeux ne se promènent pas régulièrement le long des lignes du texte comme on pourrait le croire. Les enregistrements (sur film ou vidéo) des yeux démontrent que la lecture est constituée de sauts et de pauses : les saccades et les fixations oculaires (O'Reagan et Lévy-Schoen, 1978 ; figure 3.10).

Figure 3.10 – Exemples de saccades et fixations dans la lecture (d'après O'Reagan et Lévy-Schoen, 1978)

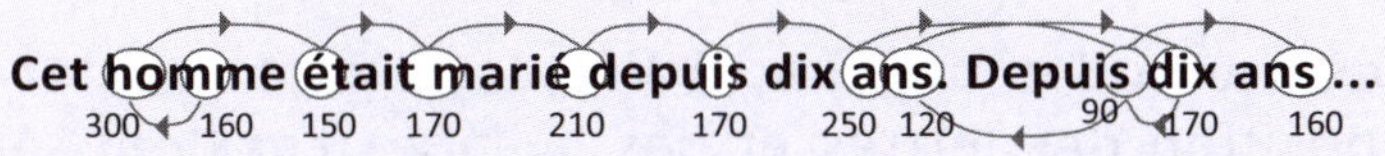

(remarque : chaque rond représente une fixation)

Les saccades sont les sauts qui ont pour fonction d'amener le centre du regard (la fovéa) en face de la cible (un mot) ; les saccades sont très courtes, de l'ordre de 20 ms (millisecondes) entre deux mots et de 80 ms pour un changement de ligne. Les fixations sont les pauses pendant lesquelles il y a enregistrement des informations à communiquer au cerveau.

Les fixations durent en moyenne 250 ms (1/4 s) chez l'adulte et un peu plus, 300 ms, chez l'enfant. Donc, dans une seconde, il y a environ 3 fixations ; ce processus étant général et non seulement lié à la lecture, cela fait un nombre fantastique d'environ 10 000 « prises de vue » par heure. L'œil envoie donc des « photocopies » partielles de ce qu'il voit dans la mémoire. Si la mémoire ne comprend pas ou si elle estime qu'il y a une erreur, elle commande un retour en arrière, comme dans la figure précédente, où l'œil envoie deux fois l'information « depuis dix ans », ce qui trompe la mémoire. Contrairement à ce que font miroiter certains promoteurs de méthodes de lecture rapide, la vitesse de lecture ne dépend pas de la vitesse oculaire mais de la connaissance du vocabulaire. Des expériences montrent que lorsqu'un texte contient des mots difficiles ou rares, il y a plus de fixations et de retours en arrière. C'est notamment le cas pour l'enfant, qui lit moins vite que l'adulte alors que ses muscles oculaires sont tout neufs.

Pour conclure

Les méthodes de lecture rapide sont donc de l'escroquerie commerciale ; notamment celles qui promettent par l'entraînement de « photographier » une page entière (la fovéa ne voit qu'un seul mot) ou d'élargir le champ fovéal (il est impossible de modifier le câblage des photorécepteurs de la rétine). On ne peut lire rapidement que si on connaît déjà le sujet traité.

Dans les méthodes utilisées à l'école, il faut insister sur la décomposition des lettres et des syllabes car l'œil saute de loin en loin (échantillonnage) et ne fait pas naturellement une analyse systématique, lettre par lettre. Une méthode strictement globale[1] serait donc néfaste à l'apprentissage de l'orthographe car la mémoire ne devine alors les mots qu'avec seulement quelques lettres. C'est ce que des instituteurs appelaient la « lecture devinette ».

55 Où est passée… la 25ᵉ image ?

Pour percevoir, il faut du temps, temps de photosensibilisation des pigments de la rétine, temps de transmission dans le nerf optique, temps de construction de l'image dans le cerveau. Et ce temps, les psychologues le mesurent par le seuil. Le seuil perceptif est la plus petite valeur physique qui permet une sensation psychologique. Dans le cas de la vision des formes, c'est par exemple le temps le plus court qui permet d'identifier une forme, une lettre, un mot. Lorsque la valeur est en dessous du seuil (statistiquement non ou peu détectable), c'est une valeur subliminaire (= en dessous) ; au-dessus, la valeur est toujours détectable.

Les seuils varient en fonction des individus (plus on est jeune, mieux on voit), de la luminosité (en fovéa, il faut beaucoup

1. Les méthodes strictement globales ne semblent plus guère utilisées et ont été officiellement déconseillées par le ministre de l'Éducation en 2006.

de lumière)...En moyenne, chez des sujets jeunes ayant une bonne vision, il faut un minimum de 10 à 20 millisecondes pour identifier des choses simples, mot, forme géométrique ou dessin (Fraisse, 1992).

Mais le problème se complique lorsque plusieurs informations se succèdent (cas du cinéma). Plusieurs combinaisons ont été testées en laboratoire selon les durées respectives de la stimulation n° 1 (on dit S1) et de la stimulation n° 2 (S2). Les résultats sont assez simples :

Lorsque S1 + S2 est inférieur ou égal à 100 ms (= millièmes de seconde), il y a intégration, fusion ; c'est-à-dire que le sujet ne voit qu'une seule stimulation. Au-delà, il y a perception d'une succession, c'est le seuil de succession. Par exemple, dans une expérience assez spectaculaire de Fraisse (1968), deux mots sont présentés successivement, par exemple F E R et L U I, mais de telle sorte que les lettres de ces mots s'intercalent spatialement : le L se place dans l'espace entre F et R, lettres qui viennent de disparaître ; La différence de gris dans l'exemple ci-dessous symbolise le décalage dans le temps.

FLEURI

Lorsque la somme des temps (durée des mots et inter-mots) ne dépasse pas 100 ms, les sujets voient FLEURI et non les mots séparés qui ont été physiquement présentés dans le temps, F E R et L U I. Au-delà de 100 ms, il se passe des phénomènes complexes appelés *masquages* (Rossi, 1975), où le mot (ou figure) dont la durée est plus longue efface tout ou partie de l'autre. Ces phénomènes s'expliquent par le temps qu'exige le traitement des informations visuelles ; tant que les voies visuelles traitent une image, les autres ne sont pas prises en compte (comme lorsque vous téléphonez à un correspondant déjà en ligne).

Le successif est donc perçu comme du simultané dans l'intervalle de 100 ms. Ce fait fondamental avait été découvert empiriquement par les pionniers du cinéma. Au cinéma, les images se succèdent au rythme de 24 par secondes (25 à la télévision ou en vidéo), ce qui représente un temps d'environ 40 ms par image, deux images successives font 80 ms, ce qui est inférieur au temps critique de 100 ms. Le phénomène est relativement robuste mais au détriment de la sensation de mouvement. Ainsi, les dessins animés de Walt Disney et de Tex Avery qui ont 24 images par secondes nous donnent l'illusion d'un mouvement souple et délié tandis que nous percevons de manière saccadée d'autres dessins animés qui ne comportent que 8 dessins par seconde (ainsi que certains DivX).

Pour conclure

En 1956, une polémique éclata à la suite d'une annonce indiquant que des spectateurs de salles de cinéma s'étaient rués sur le Coca et le pop-corn à la suite de slogans subliminaux projetés pendant le film. En fait, il s'agissait d'une escroquerie d'un agent en marketing au chômage ayant fait une fausse annonce avec la complicité d'un animateur de radio ; il prit la fuite après avoir empoché des contrats d'agence de publicité (Rogers, 1993, cit. Myers, 1997).

L'image subliminale est l'insertion d'une image (= 40 ms) d'un slogan publicitaire (ou politique) parmi les 24 ; elle est censée ne pas être vue consciemment mais agir inconsciemment. On appelle aussi ce phénomène « 25e image » mais improprement au cinéma, car c'est une des 24 qu'on remplace.

Ce phénomène est illusoire du fait du phénomène de masquage : une image présentée seulement pendant 40 ms est effacée par les images précédentes et suivantes. Dans l'expérience de Fraisse, si le 1er mot « FER » dure plus longtemps que le 2e (LUI), le sujet ne voit que «FER», le second étant effacé. En outre, une phrase nécessite un temps (plusieurs saccades oculaires) de codage dépassant largement 40 ms (en gros, 250 ms par mot), ce qui rend impossible la présentation subliminale (40 ms) d'un slogan du genre «Votez pour le parti Sans Impôts» ou «Buvez l'eau Kisoignetou».

La Canadian Broadcasting Corporation s'est livrée à une expérience en incluant 352 fois le message «TÉLÉPHONEZ MAINTENANT» pendant une émission très populaire du dimanche soir (remarque, une heure de télévision représente 90 000 images). Aucune des 500 personnes contactées n'avait perçu ce message (cit. Myers, 1997)!!!

En France, le 13 mai 1988, le *Quotidien de Paris* dévoile l'affaire du «générique Mitterrand» (Droulers, 1996). Entre septembre 1987 et mai 1988, une cinquantaine d'images défilent dans le logo d'Antenne 2 (actuellement France 2) pendant le journal télévisé, et l'image de François Mitterrand y figure 10 fois parmi d'autres images (Gorbatchev, le TGV, etc.). Le CNCL (Commission nationale pour la communication et les libertés) note que le générique ayant été diffusé 2 949 fois, le visage de Mitterrand est donc apparu 29 490 fois. Et pourtant aucun téléspectateur n'a remarqué quoi que ce soit. Le directeur de l'information de la chaîne déclarait: «même avec le matériel le plus sophistiqué, j'ai eu beaucoup de mal à repérer cette image» (cit. Droulers, 1996, p. 323).

Remarque: certains confondent publicité subliminale et publicité indirecte. Lors d'un prix de Formule 1 ou d'un match de football, de nombreuses marques sont affichées, elles n'ont rien de subliminal et le spectateur peut à loisir fixer ces affiches plutôt que les voitures ou les joueurs.

56 Pourquoi les objets éloignés paraissent-ils plus petits ?

À l'époque de la Renaissance en Italie, des peintres de décors de théâtre puis des architectes prirent conscience de la perspective, c'est-à-dire du fait que nous voyons les objets de plus en plus petits au fur et à mesure qu'ils s'éloignent. Léonard de Vinci (1452-1519), peintre, ingénieur et savant, a décrit avec une grande précision ce phénomène dans son traité sur *L'Art de la peinture*. C'est probablement l'analogie avec les premières lentilles (verre poli), pour faire des lunettes, que ces artistes ou savants ont pris conscience de ce phénomène, qui n'est pas présent par exemple dans les peintures anciennes, comme celles des Égyptiens ou dans l'art chinois. D'ailleurs, un siècle plus tard, Descartes (1596-1650), philosophe, mathématicien et physicien, utilise explicitement la ressemblance entre l'œil et une lentille dans son *Traité d'optique*.

En effet, un objet vu à travers une lentille convergente donne une image de plus en plus petite au fur et à mesure de son éloignement de la lentille (en optique, une lentille convergente est symbolisée par un trait vertical avec des flèches vers l'intérieur). Pour construire l'image sur l'écran, il faut considérer deux rayons lumineux. Le rayon parallèle à l'axe optique est déformé par la lentille et se réfracte pour croiser l'axe au foyer optique. En revanche, le rayon qui passe par le centre optique ne subit aucune déformation. L'image est nette au niveau du croisement entre le rayon parallèle réfracté et le rayon qui passe par le centre. Ce qui détermine la taille de l'image est en fait l'angle sous lequel le rayon passe par le centre optique, c'est ce que les spécialistes de la vision appellent la loi de l'angle visuel. Plus l'objet est loin, plus l'angle visuel est petit et donc plus son image est petite.

Figure 3.11 – Loi optique de la perspective : plus l'objet est éloigné de la lentille, et plus son image est petite

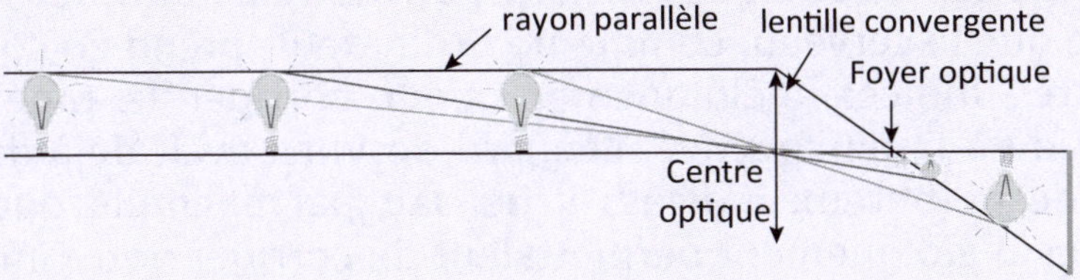

Dans l'œil, comme Descartes a été le premier à le démontrer, c'est l'organite en forme d'œuf, le cristallin, ainsi que la courbure de la cornée de l'œil qui le rendent convergent. Bref, il est tout à fait exact qu'un objet placé de plus en plus loin de notre œil forme une image de plus en plus petite sur la rétine. Remarquons, en passant, qu'une lentille convergente donne une image inversée, ce qui est le cas aussi sur notre rétine, c'est donc le cerveau qui remet notre monde à l'endroit !!!

Ainsi voyons-nous les rails de chemin de fer se rapprocher de plus en plus et se toucher au loin et, de même, nous percevons les voitures et les gens en miniature lorsque nous sommes en haut d'un grand immeuble. C'est ainsi, que par un hasard astronomique, la Lune nous paraît de même diamètre que le Soleil car elle est sous-tendue par le même angle visuel. Elle peut donc masquer complètement le Soleil, c'est l'éclipse. Mais la Lune s'éloigne de la Terre à la vitesse de 3,8 cm par an et viendra un temps où elle paraîtra plus petite que le Soleil ; mais serons-nous encore là ?

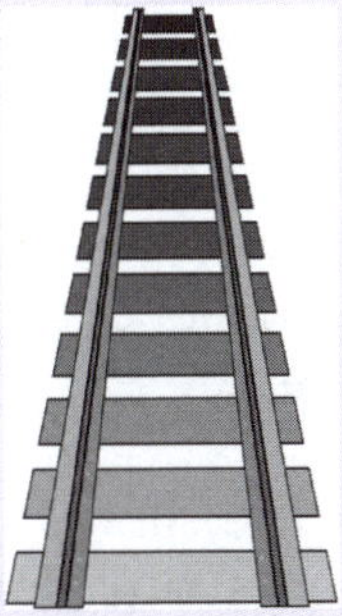

La perspective s'applique à tous les paramètres des objets, à la largeur (les traverses des rails), mais aussi à la longueur (l'espace entre les traverses), si bien que les traverses paraissent plus courtes, mais aussi plus rapprochées. Et Léonard de Vinci avait bien vu que la perspective s'appliquait aussi à la lumière, qui paraît moins brillante et aux couleurs, qui paraissent moins saturées. C'est pourquoi il est considéré comme le peintre des ombres et des lumières.

Pour conclure

Mais à l'inverse, la perspective ne s'applique pas à l'intérieur d'un espace de quelques dizaines de mètres. Pourquoi ? C'est parce que le cerveau, comme un ordinateur, prend en compte d'autres indices d'éloignement pour corriger le rapetissement dû à la perspective. Léonard de Vinci avait déjà découvert de nombreux indices : il pensait par exemple que des indices d'éloignement permettaient de corriger notre impression de petitesse, que les ombres indiquaient le relief et les positions des objets entre eux, etc. Les chercheurs modernes ont confirmé ces premières observations de Léonard de Vinci et découvert d'autres mécanismes, notamment celui qui va nous donner la clé de la vision en 3D, la vision binoculaire, c'est-à-dire avec deux yeux.

57 Un ticket pour l'espace ?

La vision en trois dimensions (3D), c'est-à-dire la vision en relief et l'impression de profondeur, nous est si naturelle qu'il faut la difficulté de la restituer dans les films ou à la télévision pour nous rendre compte que ce mécanisme est loin d'être banal.

Beaucoup d'animaux, cela ne vous a pas échappé, les poissons, les grenouilles, les serpents et mammifères ont deux yeux. Ce n'est pas le cas de tous les animaux, par exemple des araignées, qui en ont huit. Pourquoi donc deux yeux ? Les premiers expérimentalistes, notamment Benjamin Bourdon dans son livre *La Perception de l'espace* (1902), ont bien mis en évidence que la vision monoculaire (sans indices extérieurs) ne permettait pas une estimation correcte de la profondeur. Mais ce n'est que récemment que des études en micro-électrophysiologie ont permis d'en comprendre l'exact mécanisme. Pour le comprendre, il faut suivre le voyage des deux nerfs optiques à travers le cerveau.

Lorsque nous regardons un objet, les deux yeux envoient donc dans le même hémisphère deux images du même objet. Mais ces images se superposent en partie en fonction de la distance, c'est la disparité binoculaire. Pour vous en convaincre, regardez une lampe sur le côté mais en cachant à tour de rôle chaque œil, vous observerez que l'œil droit voit plus à droite et l'œil gauche plus à gauche. On voit donc « double » en permanence mais sans s'en apercevoir car le cerveau intègre et corrige ces images. Des chercheurs ont montré que la disparité entre les deux images est analysée par des neurones spéciaux du cerveau et ce sont eux qui donnent l'impression d'espace et de relief. Au loin (30 à 40 mètres), les deux images se superposent et le cerveau n'a plus d'indices pour percevoir la profondeur ; il n'a plus que la taille de l'image rétinienne, qui diminue avec l'éloignement... c'est la perspective.

Les géographes et cartographes ont utilisé le principe de la disparité pour donner une impression d'espace ; le procédé consiste à prendre deux photos aériennes par des objectifs séparés et à regarder ces photos avec un dispositif de lentilles qui permet la superposition des images. La généralisation de ce principe a été tentée au cinéma dans les années cinquante grâce à des caméras spéciales munies de deux objectifs et deux filtres colorés. La scène était filmée en rouge par une caméra et en vert par une autre (qui simule l'autre œil). Les spectateurs devaient se munir de lunettes spéciales fournies dans les salles de cinéma dont un verre était rouge et l'autre vert ; ces verres servaient de filtres pour permettre la fusion des images, finalement vues en noir et blanc. Je me souviens, petit, avoir assisté à de tels films. Et peut-être avez-vous revu à la télévision *Le Monstre du lac vert*, tourné avec ce procédé. Le résultat était peu spectaculaire et se faisait au détriment de la couleur, ce qui amena la disparition du procédé. Mais avec l'avènement du cinéma haute définition, comme

☛

au Futuroscope de Poitiers, le procédé a été repris avec plus de subtilité. Le cinéma normal est basé sur une projection de 24 images par seconde (25 à la télévision) alors que le cinéma haute définition comporte le double, soit 48 images par seconde. Dans le procédé du cinéma en relief, une caméra spéciale tourne les scènes avec deux objectifs, écartés comme nos deux yeux. Mais un objectif est muni d'un filtre polarisant vertical (ne laissant passer, comme un peigne, que les photons émis dans une tranche verticale) et l'autre objectif est muni d'un filtre polarisant horizontal. Il faut ensuite mixer les images de sorte qu'une image sur deux (ce qui redonne 24 par seconde) a une polarité verticale et l'autre une polarité horizontale. Le spectateur est muni de lunettes polarisées, un verre ne reçoit que la lumière polarisante verticale, et l'autre la lumière horizontale, ce qui fait que le cerveau croit recevoir de la scène filmée deux images aussi disparates que si les deux yeux avaient réellement vu la scène. L'effet est cette fois si spectaculaire que les spectateurs avancent les mains pour toucher les objets ou les personnages, tant l'illusion d'espace est grande. Je me souviens avoir vu un film d'aviation où l'on avait la sensation de voir l'avion « sortir » de l'écran et se situer comme une image virtuelle entre l'écran et soi-même. Impressionnant ? La technologie a réussi à tromper le cerveau, mais pour notre plus grand plaisir…

Pour conclure

C'est un troisième procédé (il y en a d'autres), de vision alternée, qui a été utilisé pour le film *Avatar*. Cette technique de dernière génération nécessite des lunettes à cristaux liquides : des images sont projetées à très grande vitesse, 120 images par seconde, vitesse nettement plus rapide que les 24 images par seconde du cinéma traditionnel ou les 25 de la télévision. Mais une image contient un signal qui va activer le verre gauche (c'est l'image gauche) et l'image d'après va être une image «droite», car son signal active le verre droit. Au total,

60 images «gauche» et 60 images «droite» alternent à une vitesse vertigineuse, 60 de chaque par seconde, pour tromper notre cerveau qui, les fusionnant, voit en 3D.

En dehors du cinéma, les applications sont nombreuses, chez les militaires naturellement mais aussi dans les robots utilisés pour la recherche sous-marine, dans les opérations à distance en chirurgie. On imagine aussi ce que la compréhension de ces mécanismes peut apporter comme avantage dans la manipulation fine d'un robot, dans des environnements dangereux pour l'homme, y compris qui semblent inaccessibles, en appréciant avec le plus d'exactitude possible le relief et la distance entre des objets. Ainsi, la Nasa et les astronomes ont réalisé l'impensable en lançant en 2006 les deux sondes spatiales Stereo (*Solar TErrestrial Relations Observatory*), qui filment de deux points de vue différents. Les sondes Stereo ont déjà permis d'obtenir de superbes images en relief du Soleil et de ses éruptions coronales.

Depuis le succès d'*Avatar*, nombreux maintenant sont les films en 3D, la technologie a enfin réussi à copier les prouesses de notre cerveau...

58 Télépathie, télékinésie... avez-vous des pouvoirs paranormaux ?

Un soir de tempête de l'année 1848, dans leur petite maison (pas dans la prairie) d'une localité de l'État de New York, deux jeunes sœurs, les Fox (comme Fox Mulder, le héros de X-Files), entendent des craquements inexplicables. Y voyant une volonté de communication de l'esprit d'un ancêtre familial, l'équivalent du fantôme écossais, les jeunes filles inventent un système de communication, à base de claquements de doigts, «alphabet en rap»... qui n'est pas sans rappeler celui que Morse a récemment mis au point (1845) et que les journalistes appelleront avec ironie le *spiritual telegraph* (cit. Parot, 1994, p. 422); c'est l'ancêtre des coups sous la table tournante. L'affaire se répand et le nombre d'adeptes, réunis en cercles de médiums, sera de trois millions aux États-Unis[1].

Le spiritisme se répand aussi en Europe, si bien que dans le premier congrès de la Société de psychologie, le secrétaire général, Charles Richet, physiologiste de grande renommée (prix Nobel) et défenseur du spiritisme, laisse une large place aux thèmes spirites, comme la télépathie, la télékinésie (transport des objets par la pensée), rêves prémonitoires... Il fallut un scandale retentissant dans les magazines *people* de l'époque pour que le spiritisme soit discrédité et dissocié de la psychologie.

En tant que président de la Société de recherches psychiques de Londres (Bergson en sera le président en 1913), Charles Richet fait un voyage à Alger avec un ami qui le conduit à la *Villa Carmen* à Alger afin de rencontrer une médium, la Générale Carmencita Noël. Elle est convaincue d'être en communication avec un esprit, «Bien Boâ». Ancien prêtre de l'Hindoustan, il y a trois cents ans, c'est un amoureux transi de la belle Carmencita, qui consomme de la morphine pour une meilleure communication avec l'au-delà; c'est un peu le 3615 «Esprit es-tu là» de l'époque. Depuis 1904, la Générale se fait assister par une célèbre médium européenne, Marthe Béraud. Sous son nom d'artiste «Eva Carrière», elle se produit en faisant apparaître son ectoplasme Phygia. Au cours d'une de ces rencontres nocturnes, Richet rencontre «Phygia,

1. Une des sœurs Fox avouera la supercherie lorsqu'elle fut âgée (*cf.* Charpak G. et Broch H., 2002, *Devenez sorciers, devenez savants*, Paris, Odile Jacob).

prêtresse du temple d'Héliopolis et l'une de ses anciennes épouses pharaoniques (les convictions de Richet quant à la métempsycose ne semblent faire aucun doute), une beauté fort dénudée qui lui a offert une mèche de ses cheveux en contrepartie de quelques bagues» (Parot, p. 439; la métempsycose est la croyance que l'on renaît sous la forme d'autres vies); mais selon un *paparazzi* de l'époque, Richet et son ami auraient eu quelque souper galant avec Phygia et son médium. Le «vaudeville» fera grand bruit dans la presse parisienne et européenne, sonnant le glas du spiritisme, qui sera dès lors écarté de la psychologie scientifique officielle, suivant en cela l'exemple de l'astronomie à l'égard de l'astrologie.

L'enthousiasme spirite va permettre la création de l'Institut psychique international, pour l'étude scientifique des phénomènes paranormaux dont je me souviens avoir lu des annales; on y recevait tout médium prétendant avoir des pouvoirs mais ce qu'ils ignoraient, c'est que les physiciens et physiologistes de l'époque étaient capables de les photographier à leur insu, avec des pellicules infrarouges, et avaient ainsi détecté leurs artifices de magiciens. Ainsi en était-il par exemple de la télékinésie ou transport à distance des objets, qui se faisait en réalité par des fils presque invisibles. Un thème à la mode était celui des ectoplasmes, qui n'évoquent plus pour nous qu'un juron du capitaine Haddock. Les ectoplasmes étaient des formes émises par les médiums en transe et qui étaient censées être une matérialisation des esprits. Mais l'observation en infrarouge révéla que l'ectoplasme se trouvait être du coton humide ou matière équivalente…

Les médiums demandaient à opérer dans une pièce sombre voire complètement obscure, ce qui prête à toutes les supercheries possibles comme le montre le compte rendu d'une commission tenue par des « contrôleurs » dont le physicien atomiste Langevin et le psychologue Meyerson[1]. Le médium Jean Guzik prétend qu'un esprit peut déplacer des objets ou frapper des objets ou des personnes lorsqu'il est en transe. D'après son « impresario » Monsieur de Jelski, il peut parfois émettre « des buées et points lumineux mobiles, évoluant dans la salle et autour des assistants ». Selon M. de Jelski, ces phénomènes ont été déjà attestés par des « personnalités qualifiées ». Naturellement, le médium réclame l'obscurité totale si bien que les contrôleurs mettent devant leur table quelques bandes phosphorescentes (pour écrire) et s'accordent pour que l'un touche la jambe droite du médium avec sa jambe et un autre reste en contact avec la jambe gauche. M. de Jelski met en garde les contrôleurs « que ce serait exposer le médium aux plus grands dangers que de faire brusquement la lumière... », si bien que « les contrôleurs promettent de s'abstenir de toute intervention de ce genre ». Malgré la (trop) grande bienveillance des contrôleurs, ils observent que « dans aucune séance, contrairement à ce qui nous avait été annoncé, des phénomènes lumineux de nature quelconque n'ont été produits ». En revanche, ils entendent des déplacements d'objets et certains sont touchés voire frappés. Observant une trace sur le tapis du déplacement du fauteuil, ils suspectent que d'une façon ou d'une autre, le médium se contorsionne pour pousser le fauteuil ou frapper certains d'entre eux derrière la table. Dans des séances ultérieures, ils mettent des bandes fluorescentes autour des chevilles, poignets, à la cravate, etc. Mais dès lors « aucun phénomène n'apparut, d'aucune sorte... ». Par la suite, le médium renvoya les autres séances à une date indéterminée, sous le prétexte d'un mal de dents puis d'un voyage. « L'expérience était donc concluante. Le contrôle automatique faisait disparaître toute manifestation "médiaminique". » Parfois, il s'agit de fausses annonces. Je me souviens avoir vu dans une émission de télévision un sarcophage qui ne désemplissait pas même en période de sécheresse... tous les scientifiques et médiums interrogés (dans

1. Merci à Stéphane Laurens de m'avoir fait connaître ce compte rendu.

l'émission) y perdaient leur latin. Plus tard, je lus dans mon magazine télé un courrier scandalisé d'une personne qui avait vu le fameux sarcophage lors d'un voyage… il était tout sec !!!

Parfois, cependant, les mécanismes sont psychologiques mais du domaine de la normalité : certains tours de magie utilisent des illusions perceptives : une caisse apparaît rectangulaire alors qu'elle est trapézoïdale et contient un double fond. Arthur fait descendre une maison, en fait, c'est une estrade entourant la maison (avec faux trottoir et jardin) qui se lève, donnant l'illusion (faute de repères plus lointains) que le bâtiment s'abaisse. Certains font apparaître une voiture derrière un drap ; voiture qui arrive dans l'angle visuel masqué par le drap si bien que la caméra ne détecte pas son arrivée… Très fort tout de même !!!

Mais le plus souvent, la parapsychologie est du domaine de la magie ou de l'escroquerie. Lorsqu'il s'agit de supercherie, les meilleurs démystificateurs du paranormal sont de nos jours des prestidigitateurs comme l'Américain James Randi, travaillant comme expert pour des revues scientifiques (*Science* ou *Nature*). En France, le prestidigitateur Gérard Majax contribua à montrer les supercheries des tours de Uri Geller (qui prétendait tordre à distance des objets métalliques) avant qu'on ne découvre que ce soi-disant médium était lui-même prestidigitateur. Même savant, on se fait facilement berner par des professionnels, et il faut des spécialistes pour être capable de démystifier des supercheries. Des journalistes américains ont découvert grâce à un récepteur radio qu'un prédicateur « écoutait » tout simplement les informations familiales sur les disciples qui se présentaient ; grâce à un capteur discrètement placé dans l'oreille, le prétendu médium écoutait les informations dictées par un complice. N'oublions pas qu'avec les technologies actuelles, certains vont jusqu'à se faire implanter des dispositifs électroniques pour détecter des cartes marquées renvoyant de l'ultra-violet. L'escroc qui prétend gagner au loto (ou au tiercé) grâce à sa médaille miraculeuse a en fait racheté (plus cher) des billets gagnants à plusieurs joueurs et peut ainsi faire contrôler devant huissier qu'il a bien plusieurs billets gagnants.

☛

Pour ma part, je trouve plus impressionnants les tours de magie, où l'on sait que le tour est dû à une adresse (manipulation de cartes) ou à une astuce incroyable (parfois nécessitant un matériel important). Quant à la téléportation (comme dans Star-Trek) de la jolie assistante d'un endroit de la scène à une autre, celle qui réapparaît n'est que la sœur jumelle de la première...

Pour conclure

Harry Potter, *Buffy et les vampires*, *Charmed*, *X-Files*..., les séries (notamment américaines) montrent l'engouement intemporel pour les pouvoirs mystérieux. Mais ces pouvoirs sont du domaine de la fiction comme ceux de Superman et de Spiderman, et ne font plus partie de la psychologie scientifique. La parapsychologie, nom actuel du spiritisme, n'a rien à voir avec la psychologie sauf lorsqu'il s'agit de psychopathologie ou de psychiatrie (hallucinations).

4 Du temps à la conscience

Sommaire

59 D'où vient le décalage horaire ?

Depuis des millénaires, l'homme est dépendant des rythmes temporels astronomiques, notamment le rythme jour/nuit (ou rythme nycthéméral[1]) et les saisons. La succession du jour et de la nuit s'impose à nous mais c'est probablement pour prédire la succession des saisons que l'astronomie est née dans les grandes civilisations agricoles, la Mésopotamie (Irak) et l'Égypte. Les premiers astronomes ou astrologues, il y a trois mille ans, avaient découvert douze constellations qui disparaissaient au cours de l'année à l'endroit de l'horizon où le Soleil se levait (levée héliaque, de *hélios* = soleil) ; c'était la découverte des douze constellations du zodiaque. L'importance du temps est telle chez les Grecs qu'ils en firent un dieu, Chronos, dont la racine est utilisée pour désigner les rythmes biologiques « chronobiologie » ou psychologiques « chronopsychologie » (Lecomte et Lambert, 1991).

Même sans montre, l'homme pouvait se régler sur le rythme jour/nuit mais comment estimer le temps privé de tout repère chronologique ? Paul Fraisse, un des pionniers de la psychologie du temps, a organisé plusieurs expériences avec des

1. Du grec *nuktos*, « nuit », et *héméra*, « jour » ; *Larousse encyclopédique*, Larousse-Bordas, 1997.

spéléologues qui acceptèrent de vivre une longue période, seuls et sans montre, au fond d'une grotte.

La tentative la plus longue a été réalisée avec le spéléologue Jean-Pierre Mairetet qui est resté 174 jours, soit près de 6 mois, sous terre (Fraisse *et al.*, 1968). Privé de repères chronologiques, l'homme fait de grossières erreurs. Ainsi, Mairetet estime son séjour à 86 jours d'après ses cycles circadiens, c'est-à-dire d'après l'alternance veille-sommeil qu'il notait. Cette sous-évaluation énorme du temps confirme des études antérieures : le spéléologue Michel Siffre avait estimé à 33 jours son séjour, qui en dura réellement 58 et Fraisse rapporte qu'en 1906, des mineurs coincés dans une galerie pendant trois semaines crurent n'avoir passé que 4 à 5 jours au fond de la mine.

Figure 4.1 – Durée de la veille en fonction des cycles d'un spéléologue lors d'un séjour de 6 mois dans une grotte (adapté d'après Fraisse et al., 1968)

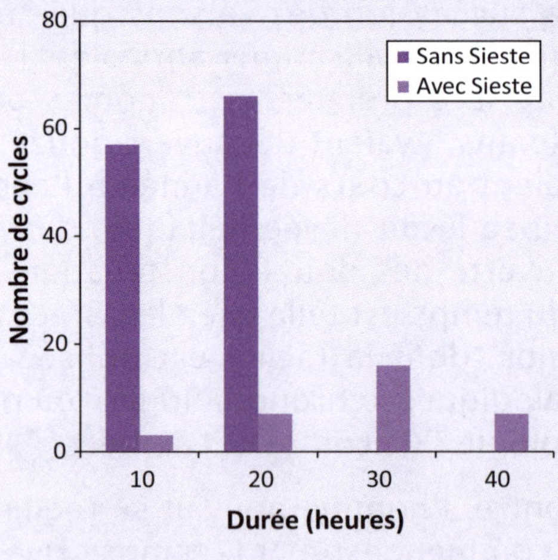

Cependant l'étude fine de l'activité du spéléologue montra des paradoxes. Afin de repérer ses cycles veille-sommeil, il était convenu que le spéléologue se mette en tenue de nuit pour repérer la phase de sommeil. Or il s'avéra (figure 4.1) que si la plupart des cycles avaient une période de veille de 10 à 20 heures, un assez grand nombre de cycles (une trentaine au total) sont très longs, couvrant 30 à 40 heures. Mairetet s'était-il mis à hiberner comme les ours ? Non, croyant faire une petite sieste, il faisait une longue nuit.

Au total, il semble qu'il y ait une déconnexion entre le temps psychologique (sous-évalué) et le temps physiologique. L'organisme se met lui-même en sommeil et si l'on prend les siestes comme des nuits, le cycle « biologique » est d'environ 25 heures. Afin d'expliquer cette régulation temporelle sans repères extérieurs, certains chercheurs ont pensé que nous possédions une « horloge biologique ».

Ainsi s'expliqueraient les décalages horaires lors de longs voyages en avion. Les recherches neurobiologiques (Denis, 1992 ; Jouvet, 1995) localisent cette horloge dans une partie du cerveau qui régit notre vie végétative, l'hypothalamus ; en particulier au niveau d'un petit noyau (= groupements de neurones) appelé « suprachiasmatique » car il est juste au-dessus du croisement des deux nerfs optiques (= chiasma optique, prononcez *kiasma*). Ce noyau reçoit des informations lumineuses de la rétine par mille axones de cellules ganglionnaires (un pour mille). Les neurones agissent eux aussi par des neurotransmetteurs, l'arginine pour l'éveil et le VIP (vaso-active intestinal peptide) pour l'endormissement.

Pour conclure

Sans l'information apportée par les photons (ex. l'isolement au fond d'une grotte), l'horloge biologique a quand même un rythme interne probablement généré par des activités du métabolisme. Lorsque nous sommes sans montre, nous nous basons sur la durée de certaines activités habituelles : on dit couramment d'ailleurs le « temps de manger », le « temps de me préparer », le « temps d'aller faire les courses »... Certains pensent ainsi que le rythme est donné par le temps de certains métabolismes car la durée d'un cycle complet de sommeil est variable selon la taille des animaux (10 minutes chez la souris, 24 chez le chat, 90 chez l'homme et... 120 minutes chez l'éléphant). Ainsi, le glucose (principal carburant du cerveau) augmente pendant l'éveil et diminue pendant le sommeil pour être transformé en réserve (glycogène) dans les astrocytes (cellules nourricières en forme d'étoiles). Ce cycle, comme celui de l'oxygène, pourrait servir de « sablier » pour déterminer le rythme de notre horloge biologique.

60 Savez-vous que le sommeil a plusieurs phases ?

Dans la mythologie grecque, Hypnos, le dieu du sommeil, donne le sommeil aux mortels en les touchant de la fleur de pavot tandis que son fils Morphée, le dieu des songes, prodigue le rêve aux mortels endormis (Valatx, 1998). Cette légende indique que l'observation courante nous a appris, depuis des millénaires, le cycle de la veille (ou vigilance) et du sommeil, souvent accompagné du rêve. Une connaissance plus profonde des mécanismes est apportée par les neurosciences.

Le neurobiologiste français Michel Jouvet de l'université de Lyon a été un pionnier de la recherche sur le sommeil et s'est notamment illustré par la découverte du sommeil qu'il a appelé « paradoxal ». Trois phases peuvent être distinguées par l'EEG (ElectroEncéphaloGramme). Lors de l'éveil, l'activité électrique (EEG) est rapide et de faible amplitude. Dans l'endormissement, l'activité électrique est plus lente avec des fuseaux (grande amplitude) alors que l'organisme est détendu avant de plonger dans un sommeil profond. Ce sommeil profond est

« paradoxal » car si les muscles sont totalement relâchés et si l'organisme ne perçoit plus de sensations, à l'inverse l'activité du cerveau produit des ondes rapides et de faible amplitude comme dans l'éveil ; les globes oculaires font de rapides mouvements (REM = *Rapid Eye Movements*) ; l'homme réveillé à ce stade est en plein rêve.

Après l'épidémie de grippe espagnole en 1918, le médecin viennois Constantin von Economo observa que chez les personnes décédées, celles qui souffraient d'insomnie avaient des lésions de l'hypothalamus (cerveau végétatif) antérieur et celles qui avaient souffert de léthargie avaient des lésions de l'hypothalamus postérieur. De cette observation naquit l'idée que l'éveil est déclenché par l'hypothalamus postérieur (puisque sa lésion provoque la léthargie) et le sommeil par l'hypothalamus antérieur. La suite des recherches (Jouvet, 1995 ; Valatx, 1998) fait apparaître l'existence de réseaux de neurones excités ou inhibés par de nombreux neurotransmetteurs.

Figure 4.2 – Circuits de l'éveil et du sommeil avec leurs centres et leurs neurotransmetteurs chez le chat (simplifié d'après Valatx, 1998)

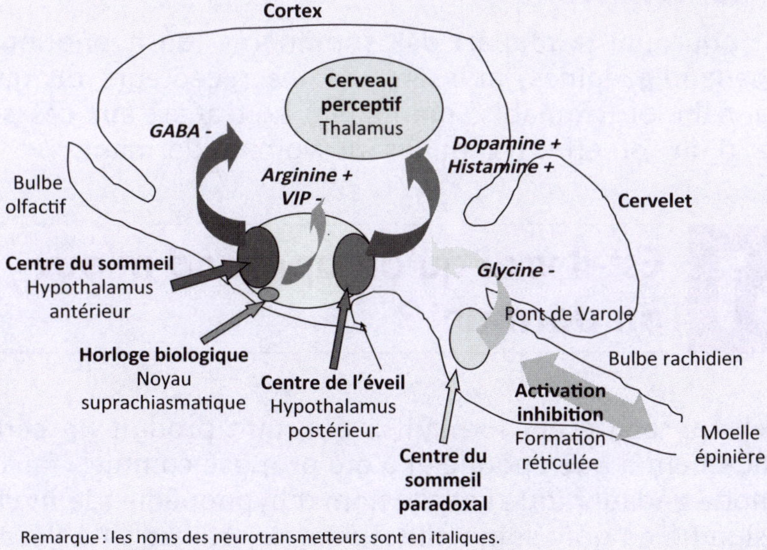

Remarque : les noms des neurotransmetteurs sont en italiques.

☛

En simplifiant, le centre de l'éveil excite le cerveau par des réseaux de neurones fonctionnant principalement avec deux neurotransmetteurs, la dopamine, d'où la mise en éveil par les amphétamines (qui stimulent la dopamine) et l'histamine (raison pour laquelle les personnes allergiques qui prennent des anti-histaminiques ont des réveils difficiles et des risques d'endormissement). Ces circuits prolongent l'excitation du cerveau par des réseaux (formation réticulée) de neurones situés dans le pont de Varole et le bulbe rachidien pour aller, par l'intermédiaire de la moelle épinière (faisceaux de câblages), activer toutes les parties sensitives et motrices du corps.

À l'inverse, le centre du sommeil semble principalement utiliser, pour ses circuits, le principal neurotransmetteur inhibiteur, le gaba (*amino-gammabutyric acid*) ; en particulier, c'est par inhibition du thalamus (cerveau perceptif) qu'il y a blocage de la réception des sensations pendant le sommeil.

Pour conclure

C'est pourquoi la plupart des somnifères (ou hypnotiques), les benzodiazépines, agissent sur les récepteurs du gaba ; le cannabinol (cannabis, marijuana) agit aussi sur ces sites gaba, d'où son effet tranquillisant, voire endormant.

61 Est-il vrai qu'on apprend mieux en dormant ?

Faux ! Apprendre en dormant a pourtant produit un certain engouement à une époque et a été proposé comme « fausse » méthode pédagogique sous le nom d'hypnopédie (de *hypnos*, qui signifie en grec sommeil, et *paideia*, qui a trait à l'école).

Des expériences ont montré qu'une liste de chiffres diffusée à des dormeurs ne laisse aucun souvenir à leur réveil. Tout au contraire, on apprend d'autant mieux qu'on est bien réveillé. Les recherches concernent, sous le nom de chronopsychologie, la variation des performances en fonction des moments de la journée, le moment de la sieste étant, comme chacun le sait, le moins bon moment pour apprendre.

En revanche, le sommeil est bon pour consolider des apprentissages de la journée. Les expériences faites sur différents animaux révèlent que pendant certaines périodes du sommeil où le cerveau est complètement fermé aux informations venues de l'extérieur, il existe une forte activité du cerveau qui permet des mécanismes biochimiques et biologiques consolidant les souvenirs : probablement en construisant des nouveaux contacts entre neurones. Cette phase du sommeil, appelée paradoxale en raison de l'intense activité du cerveau, est d'ailleurs très longue chez les bébés et dans l'enfance ; elle se réduit, en proportion, chez la personne âgée. Le sommeil paradoxal est d'autant plus nécessaire que les nouveaux apprentissages sont nombreux.

Pour conclure

Il faut donc préserver le sommeil chez les jeunes alors que certains, lors des « bachotages » font tout le contraire. Apprendre en dormant n'est pas une bonne méthode mais bien dormir, après une journée bien remplie, en est une !!!

62 Vive la sieste !!! Est-on également vigilant toute la journée ?

S'il faut être éveillé pour apprendre, la vigilance n'est pas non plus maximale tout au long de la journée. Un spécialiste français, François Testu, a beaucoup étudié ces variations en situation scolaire (1989).

Dans une de ses études, la plus complète du point de vue des moments de la journée, les élèves doivent faire des activités de courte durée à différents moments de la journée : trois moments dans la matinée : dès l'arrivée en classe (8 h 40), puis en milieu de matinée (9 h 50), en fin de matinée (11 h 20) ; et trois moments dans l'après-midi : après le repas (13 h 40), en milieu (14 h 30) et à la fin de l'après-midi (17 h 30). Avec des temps plus nombreux et différents âges, les résultats confirment ceux d'autres recherches selon une loi « générale » (Testu, 1989, p. 76).

Figure 4.3 – Performance de calcul au cours de la journée pour trois niveaux scolaires (simplifié d'après Testu, 1989)

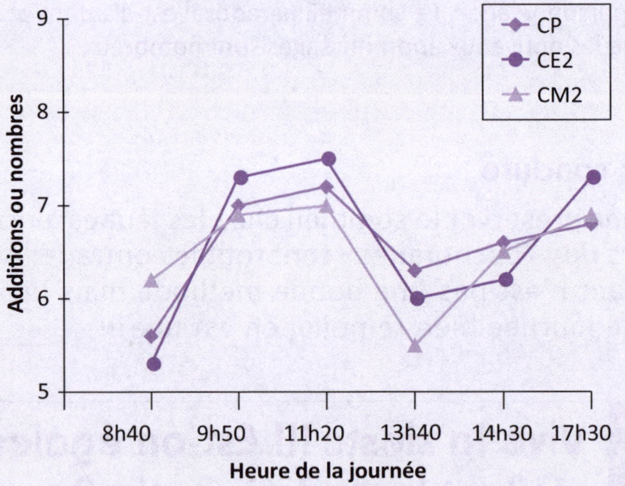

Remarque : l'épreuve est un barrage de nombres pour les CP.

Après un démarrage difficile, les performances augmentent pour atteindre un pic entre 11 heures et midi ; l'après-midi est également classique avec une baisse pendant la digestion (période post-sprandiale pour les biologistes) et une montée jusqu'à la fin d'après-midi. Les deux « creux » observés sont déterminés par des causes biologiques, la remise en activité après le sommeil le matin et la digestion l'après-midi.

Pour conclure

Le remède pour l'après-midi est connu de longue date pour être même une institution dans certains pays méditerranéens... la sieste.

63 Pourquoi conduite automobile et alcool ne font-ils pas bon ménage ?

À l'inverse du sommeil, le cerveau est éveillé, mais il faut une certaine intensité de l'éveil pour être performant. Les physiologistes et psychopharmacologistes emploient le terme de vigilance pour désigner ce degré d'éveil. On mesure par exemple le degré de vigilance par le temps à réagir dans des épreuves de laboratoire. Mais étant donné l'importance de la conduite automobile, on essaie de plus en plus souvent d'étudier la vigilance en situation de conduite.

L'équipe de Willumeit et Ott du Laboratoire de psychopharmacologie de Berlin a fait de nombreuses études sur simulateur pour tester la baisse de vigilance (somnolence) causée par certains produits psychotropes.

Figure 4.4 – Pourcentage de baisse de la performance sur un simulateur de conduite automobile par rapport à un placebo et en fonction du degré d'alcoolémie (g par litre) ou de la prise de tranquillisants (Lormetazepam et Diazepam ; adapté d'après Willumeit et al., 1993)

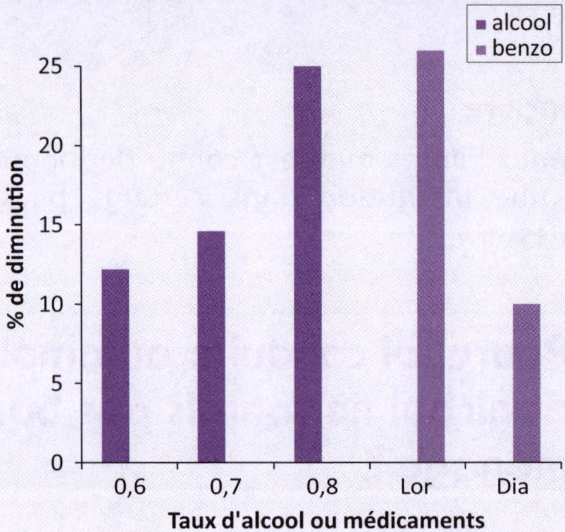

La figure indique la baisse de vigilance mesurée dans la conduite en fonction du degré d'alcoolémie et de prises de benzodiazépine (tranquillisants ou somnifères). Les résultats indiquent qu'à partir d'un taux d'alcoolémie de 0,6 % (le taux légal en France est de 0,5), la baisse de vigilance est de 12 % et peut atteindre 25 %. Par rapport à un placebo (faux médicament), les benzodiazepines testées ici (le diazépam est plus connu sous son nom commercial, Valium) provoquent une baisse du même ordre, de 10 à 25 %.

Pour conclure

La baisse de vigilance liée à la prise de benzodiazepines est due à leur effet (fausse clé) sur les récepteurs du gaba, neurotransmetteur inhibiteur par excellence. L'effet négatif de l'alcool est plus complexe. À partir de 0,5 gramme par litre de sang, l'alcool désorganise les membranes (couches lipidiques) des neurones et interfère ainsi avec les fonctions synaptiques ; au niveau des neurotransmetteurs, l'alcool diminue l'activité des récepteurs de l'acétylcholine (stimulant) et active au contraire les récepteurs du gaba, d'où les effets de somnolence. Alcool et somnifères ne font donc pas bon ménage avec les activités nécessitant de la vigilance. Vendredi 14 avril 2006, un employé municipal de 33 ans renverse deux enfants avec sa camionnette ; il avait 1,4 gramme d'alcool dans le sang et avait fumé du cannabis !!!

64 Comment arrive-t-on à se parler dans une fête ?

L'enregistrement d'une fête avec un caméscope est souvent surprenant, tout le monde parle et rien n'émerge de la cacophonie. Or la réalité psychologique est tout autre car vous ne perdez pas une miette de la conversation de votre interlocutrice (ou interlocuteur) et le brouhaha n'est perçu que comme un fond sonore. C'est l'Anglais Colin Cherry (1953), travaillant au Massachusetts Institute of Technology, qui a soulevé ce paradoxe de la *cocktail party*. Pour lui et ses successeurs, nous pouvons entendre notre interlocuteur grâce à un mécanisme qui filtre un message et rejette les autres, c'est l'attention sélective ou focalisée.

Pour étudier les caractéristiques de l'attention, Cherry invente la technique de l'écoute dichotique qui consiste à faire entendre simultanément (grâce à un casque stéréo) deux messages différents aux deux oreilles. Entendre les deux messages est impossible et Cherry note que les sujets ferment les yeux pour mieux se concentrer. En revanche, si l'on prévient les sujets de faire attention à une oreille (ex. droite), ce message est bien perçu mais le message non attendu (l'oreille gauche) est très mal rappelé. C'est le mécanisme de l'attention sélective, qui permet de nous concentrer, de nous abstraire d'un bruit ambiant ou d'une conversation, pour réfléchir ou lire.

Par la suite, beaucoup de discussions ont eu cours pour savoir où se situait le filtre. Au début, les chercheurs pensaient que les informations non pertinentes étaient rejetées et non analysées. Mais peu à peu des expériences ont révélé que les informations non pertinentes n'étaient pas effacées mais pouvaient être récupérées (Yntema et Trask, 1963, cit. Knight et Parkinson, 1975). Ainsi, dans une expérience d'écoute dichotique, les messages envoyés aux deux « canaux », oreille droite ou gauche, sont 4 paires de mots-chiffres (ex. chat-4 ; rue-8, jour-3, etc.). Le sujet est prévenu qu'il rappelle d'abord le message d'une oreille (canal attendu) puis l'autre. Dans une condition où le sujet doit rappeler chaque paire par « oreille » (ex. chat-4, rue-8, jour-3, nid-9), les résultats sont classiques (Cherry), le rappel étant très bon, de 80 à 100 %. À l'inverse, le message du 2e canal (oreille non attendue) est désastreux, de 20 à 60 %. En revanche, si la consigne est de rappeler par catégorie, c'est-à-dire les mots ensemble et les chiffres ensemble, « 4, 8, 3, 9 » ou « chat, rue, jour, nid », le rappel est bien meilleur pour les mots que pour les chiffres. Le filtre n'a donc pas évacué l'information puisqu'on peut la retrouver. L'information est donc d'abord analysée et mémorisée, et c'est ensuite que l'attention opère son travail de sélection.

Pour conclure

D'ailleurs vous l'avez souvent remarqué. Même si nous sommes absorbés par une revue ou un programme télévisé, nous « dressons » l'oreille dès que l'on parle de nous ou que l'on prononce un mot d'un thème qui nous intéresse. C'est le conte du meunier qui se réveille, n'entendant plus les pales de son moulin. C'est encore une maman qui s'endort profondément en regardant *Desperate Housewifes* (s'endort-on avec une telle série ???) pour se réveiller en entendant son bébé !!!

65 Pourquoi ne devez-vous pas téléphoner en conduisant ?

Le *kwai*, dans les arts martiaux asiatiques, est le cri qui tue : c'est un cri bref surprenant l'adversaire qui reçoit, pendant la fraction de seconde d'inattention, le coup fatal. Dans notre civilisation moderne, la puissance de l'homme est démultipliée par celle des machines, mais il en est qui peuvent le tuer lorsque, lancé à 120 ou à 150 km/h sur son destrier moderne, l'homme, en principe sage (*homo sapiens*), écoute la radio ou le téléphone…

Un des thèmes importants de l'ergonomie cognitive, ou psychologie du travail, est la concurrence cognitive ou capacité de gérer plusieurs tâches simultanément. Beaucoup, ayant implicitement la conception d'un esprit immatériel gérant toute activité mentale sans limite d'espace et de temps, font plusieurs choses en même temps. Or de nombreuses expériences montrent qu'écouter des messages sonores, parler, etc., réduit la performance de façon très notable, qu'il s'agisse d'épreuves de temps de réaction, de mémoire ou de calcul mental.

Dans une recherche, menée conjointement avec le Centre commun d'études pour la télévision et les télécommunications, nous avons mesuré le temps de réaction pour freiner, à la différence qu'il s'agissait d'un appui avec le doigt sur une touche d'ordinateur, en fonction d'un signal de danger convenu. Sur l'écran de l'ordinateur apparaissaient différentes images, bicyclette, ambulance, sens interdit, etc., et le sujet devait appuyer le plus rapidement possible aussitôt qu'apparaissait le signal « danger » (ambulance, ou feu rouge selon les cas). Cependant, ce temps de réaction pour la tâche dite principale était mesuré en fonction de différentes tâches concurrentes. Comme il s'agissait de simuler les effets de l'écoute de la radio lors de la conduite automobile, une bande-son diffusait, selon les conditions, des messages de quatre niveaux de difficulté linguistique différents ; du niveau 1, le plus simple, au niveau 4, le plus complexe (avec phrases longues autoenchassées) :

Rubrique météo

Niveau 1

Froid, région d'Évreux, toute la semaine.

Niveau 2

Froid avec verglas, région d'Évreux, route de Dreux toute la semaine de 18 heures à 11 heures.

Niveau 3

Du froid avec du verglas dans la région d'Évreux, surtout sur la route de Dreux qui sera glissante toute la semaine de 18 heures à 11 heures.

Niveau 4

La prudence est au rendez-vous car on annonce du froid avec du verglas dans la région d'Évreux, surtout sur la route de Dreux qui sera glissante toute la semaine de 18 heures à 11 heures.

Différentes rubriques étaient conçues pour se rapprocher au maximum de conditions réelles, loisirs (cinéma, patinoire, crêperie, musée), commerces (nouveautés, tombola, promotions, inauguration), réseau routier (météo, travaux, essence, embouteillages) et divers (conférence, horoscope, jeux nationaux, presse).

Figure 4.5 – Augmentation du temps de réaction lors de l'écoute de message sonores (Lieury, Robert et Castell, 1990)

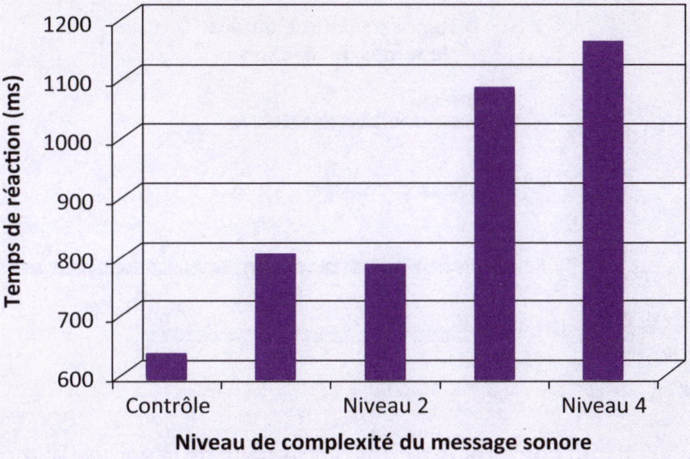

Les résultats sont édifiants puisque dans une condition contrôle, silence, le temps de réaction est de 650 ms (millièmes de secondes). La réaction demande environ 800 ms pour des messages simples (niveaux 1 et 2) tandis que le temps de réaction atteint presque le double, avec 1 100 et 1 180 ms, lors de l'écoute de messages sonores complexes. En fait, bien que les sujets se croient très concentrés et attentifs, différents systèmes psychologiques du cerveau, attention, langage, mémoire, sont occupés à la fois pour l'activité motrice et pour le traitement des messages sonores. On se doute que dans la conduite automobile, qui implique de multiples coordinations sensori-motrices, que cette concurrence cognitive serait vraisemblablement plus forte encore. Quoi qu'il en soit, à 90 km/h, notre voiture file à 25 mètres par seconde. Une augmentation de 500 ms, soit une demi-seconde, entraînera donc un retard au freinage de 12,5 mètres, soit la longueur de deux voitures. À 130 km/h, la voiture parcourt 36 mètres, le même allongement du temps de réaction de 500 ms se traduira, cette fois, par une augmentation de distance parcourue de 18 mètres, soit la longueur de trois voitures.

Figure 4.6 – Temps parcouru selon la vitesse en fonction du temps de réaction en condition silencieuse ou d'écoute de messages (niveau 4)

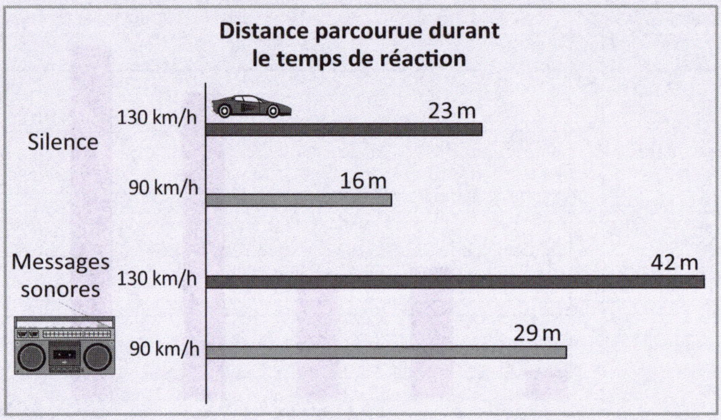

En réalité, il faut compter le temps de freinage de la voiture elle-même qui, par son poids, glisse sur ses pneus, sur 55 mètres à 90 km/h et sur 114 mètres, d'après la sécurité routière, à 130 km/h. Si bien que lorsque les véhicules sont lancés à grande vitesse et collés à quelques mètres les uns des autres, comme c'est le cas à chaque retour de week-end, les carambolages paraissent inévitables.

De plus, l'utilisation du téléphone portable ajoute à l'audition et à la compréhension du message, d'autres tâches concurrentes, faire le numéro (ce qui implique le système visuel), éventuellement des émotions pour certaines conversations... Une expérience de l'Institut de recherche sur le transport dans le Michigan a été programmée pour comparer les effets de l'utilisation du téléphone en voiture, en comparant une situation de conduite réelle avec une situation en simulateur (Reed et Green, 1999). La conduite se fait sur une portion de vingt kilomètres de voie express à une heure de fluidité de la circulation et à la vitesse autorisée (60 miles/h = 96 km/h). Par haut-parleur, la consigne est de composer certains numéros avec une main sur le portable tandis que de nombreux capteurs mesurent différents paramètres de la conduite. Les résultats de la conduite réelle sont similaires avec ceux du simulateur et montrent une dégradation plus ou moins élevée des performances par rapport aux conditions contrôle (conduite sans concurrence cognitive) : + 23 % dans les écarts du pied sur l'accélérateur, + 38 % dans les variations de rotation du volant et la vitesse latérale et jusqu'à 118 % (soit plus de deux fois plus) dans la variation de vitesse. La conclusion nous est donnée par les faits divers.

Pour conclure

Le 10 octobre 1998 à Paris, une voiture fauche deux piétons, la conductrice téléphonait en conduisant à vive allure !!!

66 « Moi, j'apprends en écoutant la télé… ça m'aide à me concentrer ! »

Une réflexion courante des jeunes est de dire qu'apprendre leur leçon ou leur cours en écoutant des chansons les aide à se concentrer. Ça n'est pas vraiment le cas, bien au contraire et cette réflexion est un bon exemple de ce qu'il faut, comme dans d'autres sciences, faire des expériences, car en psychologie on ne peut pas prendre pour argent comptant ce que les gens disent d'eux-mêmes, encore moins les enfants, contrairement à l'adage « La vérité sort de la bouche des enfants ».

Les enfants ont déjà du mal à se concentrer sur une activité, mais qu'en est-il lorsqu'en plus, il y a des distractions ? Cette situation où l'on doit faire au moins deux choses en même temps correspond à l'attention divisée ou partagée. Chez l'adulte, on montre la plupart du temps une diminution de 20 à 60 % d'une tâche principale selon la complexité d'une tâche secondaire à réaliser, par exemple conduire en écoutant la radio ou en téléphonant. Les effets sont également spectaculaires chez les enfants.

Dans une recherche de Boujon et son équipe, des élèves de CM2 (10-11 ans) doivent lire une histoire, *Pascal et Poly embarquent pour Bréhat*, dans une condition de lecture silencieuse (attention sélective) et dans trois conditions d'attention partagée. Dans l'une, les élèves entendent de la musique classique pendant leur lecture, dans l'autre, ils entendent (sans le voir) un vidéo-clip et dans la troisième condition, ils voient et entendent le vidéo-clip sur un téléviseur.

Figure 4.7 – Pourcentage de déclin du score de lecture en situation partagée par rapport à la situation attentive (lecture silencieuse, d'après Boujon, Gillard, Mareau et Pichon ; cit. Boujon et Quaireau, 1997)

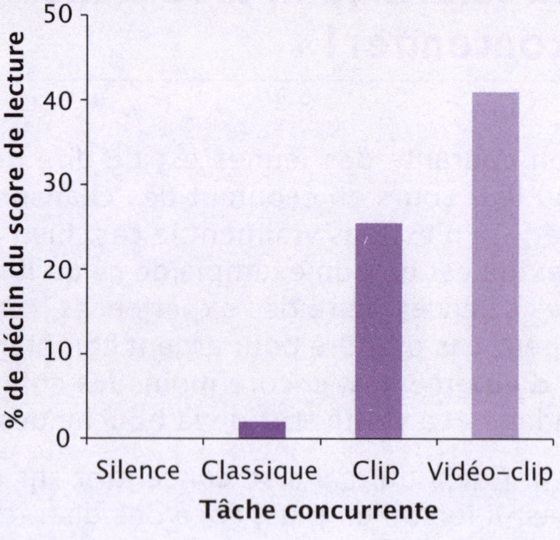

☛

Si l'on calcule le pourcentage de déclin du score de lecture en situation partagée par rapport à la lecture silencieuse, on constate que la musique classique ne gêne pas (elle n'interfère pas avec les processus phonologiques de la lecture). En revanche, l'audition de paroles provoque une baisse de 25 % tandis que de regarder en même temps le vidéo-clip entraîne une baisse de 40 %. Les résultats sont donc édifiants si l'on pense à la façon dont les révisions sont parfois faites à la maison, en regardant les clips vidéo ou la série préférée à la télé.

Pour conclure

L'attention divisée semble particulièrement difficile chez les enfants hyperactifs. Par exemple, les enfants doivent mémoriser 15 images et les reconnaître parmi 30 (Boujon et Jan, cit. Boujon et Quaireau, 1997). Il y a peu de différence (– 5%) entre une classe témoin et une classe d'enfants hyperactifs. En revanche, si la détection d'images doit être faite tout en faisant des calculs (additions simples présentées auditivement), les enfants hyperactifs montrent une baisse de 25 % par rapport à la classe témoin.

67 Le multitâche avec les médias améliore-t-il l'attention ?

Vexant ! Je déjeune avec un ami, prêt à échanger et à se raconter les derniers potins du boulot… et il n'arrête pas de pianoter sur son I-Phone… je me sens parfois comme face à un mur ! Je raconte cet épisode à un ami, spécialiste de l'attention et des rythmes scolaires, qui me dit que lors d'une récente réunion au Ministère sur les rythmes, le représentant du ministre n'arrêtait pas de pianoter sur son *smartphone*... vexant experts et représentants syndicaux ou des parents !

Bon, mais au-delà du manque de civilité, est-ce que la pratique nouvelle de ce multitâche avec les *smartphones* améliore ou gène les capacités d'attention de leurs propriétaires ?

Une série de recherches vient à point nommé, émanant de chercheurs de l'université de Stanford aux USA. Une centaine d'étudiants participent à une série de trois tests. Ceux-ci sont divisés en deux groupes selon qu'ils sont des « jongleurs high-tech » ou non. Les étudiants multitâches s'avèrent peu performants, car alertés par des indices non pertinents ; tout les distrait. Par exemple, dans une expérience, les expérimentateurs leur montrent des séries de deux rectangles rouges, soit tout seuls, soit entourés par 2, 4 ou 6 rectangles bleus. Chaque série apparaît deux fois, et l'étudiant doit dire si les rectangles rouges sont dans la même position spatiale que dans la première série. On leur dit même d'ignorer les rectangles bleus et les étudiants non multitâches le font très bien. Au contraire les « multitâches » sont constamment distraits par les rectangles bleus, leur performance est affreuse.

Dans un second test, même résultat. Des séquences de lettres apparaissent et les sujets doivent répondre vocalement lorsqu'une séquence est répétée. Les étudiants multitâches ont les plus grandes difficultés à garder en mémoire à court terme (ou de travail) les dernières suites de lettres, habitués à se disperser sur de multiples sources d'informations.

Enfin dans une troisième expérience, les chercheurs (Nass, Ophir et Wagner) évaluent l'hypothèse que les multitâches sont peut être plus forts pour filtrer l'information pertinente de l'info non pertinente, par exemple pourraient être excellents pour basculer rapidement d'une tâche à une autre. Ainsi sont présentés des images, des lettres et des nombres tandis que la consigne change en cours de route : on leur demande de se focaliser sur les chiffres et de signaler tout chiffre impair, puis on bascule pour les lettres en leur demandant de signaler les voyelles... mais à nouveau, les étudiants multitâches sont moins performants.

Pour conclure

Décidément, les médias modernes ne changent pas nos capacités naturelles, mais en revanche, ils ont le don de compliquer les situations en ajoutant des tâches (parler et écrire sur son *smartphone*), des modalités (verbal, imagé, son...) de la vitesse (voiture). Les nouvelles technologies, oui, mais attention à la surcharge attentionnelle... et puis aussi à la courtoisie !

68 Où se trouve votre inconscient ?

Après que Freud eut popularisé l'inconscient, la première distinction neuropsychologique entre conscient et inconscient a pu être faite à partir de la découverte de Roger W. Sperry et Myers d'un fonctionnement séparé des deux cerveaux. En effet, le cerveau dont on parle souvent comme d'une entité unique est constitué de deux hémisphères cérébraux reliés entre eux par d'énormes réseaux de « câbles », les corps calleux, les commissures antérieures et postérieures et le chiasma optique.

Le câblage des voies nerveuses a ceci de particulier chez les vertébrés que tout est inversé entre le cerveau et le corps : ce qui est présenté dans le champ visuel droit est traité par l'hémisphère gauche, qui commande également les membres droits et inversement pour l'hémisphère droit, qui gère tout ce qui se passe à gauche. Les expériences de Sperry et Myers sur le chat au cerveau dédoublé (par section des « câblages ») montrèrent que chaque cerveau peut apprendre indépendamment de l'autre. Ainsi, un chat peut être conditionné à appuyer de la patte droite sur un levier pour avoir de la nourriture lorsqu'un cercle est présenté dans le champ visuel droit et peut également être conditionné à appuyer avec la patte gauche lorsqu'un carré est présenté dans le champ visuel gauche : c'est un chat Dr Jekyll et Mr Hide !

Chez l'homme, une dimension nouvelle apparaît, la spécialisation des deux cerveaux. Le plus souvent, l'hémisphère gauche est dominant (il commande) chez les sujets droitiers, qui sont pour cette raison plus habiles de la main droite (*dexter* en latin = habile). De plus, le cerveau gauche est le siège du traitement du langage articulé (lexical). Cette différence fondamentale est sans doute responsable d'un niveau de conscience, la capacité de décrire ce qui nous arrive ou ce que nous faisons (vous savez la petite voix dans la tête). Michael Gazzaniga (1970) a observé de troublantes situations de dissociation de la conscience chez des sujets au cerveau dédoublé (opérations pour épilepsie ou tumeurs). Chez une patiente, la présentation de diapositives d'objets communs dans l'hémichamp visuel gauche ne suscita aucune réponse (l'hémisphère droit ne parle pas) mais la photo d'une femme nue déclencha un sourire sans qu'elle puisse en expliquer la raison. Une autre patiente, ayant à choisir une robe, connut un jour un conflit entre ses deux cerveaux. Sa main droite (cerveau gauche) saisit dans la penderie une robe chaude (il faisait froid) tandis que sa main gauche ne voulait pas lâcher une robe d'été ; en l'occurrence, l'hémisphère gauche se montrait raisonnable pendant que l'hémisphère droit optait « inconsciemment » pour l'élégance.

Pour conclure

Cette dissociation (qui fait penser à certaines observations de Freud) montre qu'au moins en partie, la conscience est la capacité, permise par le cerveau gauche, de décrire verbalement ce que nous percevons ou faisons. Inversement, l'inconscient correspond aux parties du cerveau qui ne « parlent » pas. Notamment l'hémisphère droit mais aussi d'autres parties comme l'hypothalamus, qui est notre cerveau végétatif (qui commande la faim, le sexe, le sommeil, etc.) et le cervelet, qui commande nos actes automatisés. L'inconscient, popularisé par Freud, existe bien mais il apparaît multiple.

69 « L'œil était dans la tombe... » Qu'est-ce que la conscience ?

La conscience a toujours été un thème difficile à appréhender tant il semble correspondre à des facettes variées. Certains philosophes distinguaient jusqu'à sept définitions différentes (Foulquié, 1914). Deux sens sont jugés fondamentaux en philosophie. Au sens étymologique, la conscience vient du latin *conscientia*, donc de *scientia*, qui désigne la connaissance : c'est la conscience sensible, c'est-à-dire de ce qui est perçu. Mais c'est plutôt le deuxième sens important des philosophes qui correspond au sens courant d'une conscience morale. C'est la conscience réfléchie, comme si nous étions dans notre corps (ou cerveau) en train de nous regarder penser ou agir. Cette conscience a souvent été personnalisée par les poètes, par un œil chez Victor Hugo dans son poème « La conscience », « l'œil était dans la tombe et regardait Caïn », ou comme Jiminy le Criquet dans *Pinocchio*.

Tulving et Daniel Schacter (Tulving, 1985) ont fait des observations minutieuses et des tests de mémoire sur un patient hippocampique N.N, c'est-à-dire ayant une lésion au niveau de l'hippocampe, archiviste de notre mémoire. Ce patient a une capacité de mémoire à court terme de 8 mais a un score de zéro dans une épreuve de reconnaissance d'images (le score habituel est de 90 %). N.N. a un langage et des connaissances générales intactes (événements historiques...) mais contrairement aux patients hippocampiques habituels (incapacité de mémoriser des choses nouvelles mais souvenirs anciens conservés), N.N. n'a pas de souvenirs personnels, tout reste impersonnel. Enfin, quoiqu'il connaisse les concepts du temps, il est incapable de se situer dans le passé ou de projeter son activité sur le futur. Quand on lui pose des questions à ce sujet, il répond par des expressions telles que « j'ai un gros trou » ou « c'est comme si j'étais dans une pièce vide et que quelqu'un me demande de trouver une chaise » ou encore « c'est comme si je nageais au milieu d'un lac ». Tulving interprète les troubles de N.N. par un manque de ce qu'il appelle la conscience « autonoétique », ou la conscience de situer des événements mémorisés dans un contexte temporel, ce que d'autres auteurs appellent plus simplement la conscience historique.

Pour conclure

Cependant, la conscience apparaît multiple et à côté de la conscience «verbale» liée à une différence d'hémisphères cérébraux (paragraphe précédent) et de la conscience historique, d'autres chercheurs pensent que l'attention focalisée représente aussi une forme de conscience. Par exemple, je conduis automatiquement mais je peux me focaliser sur cette conduite si bien que ma vision de la route et mes gestes deviennent conscients. Ceci montre une attention sélective «orientable». Un spécialiste de l'attention Michael Posner (1990) parlait même de «projecteur visuel», ce qui n'est pas sans rappeler «l'œil» de Victor Hugo. Cette conscience exécutive donne l'impression subjective d'éclairer une activité particulière par un projecteur et prolonge le concept de conscience réfléchie des philosophes, en donnant l'impression chez certains d'être contrôlé par une âme ou un esprit séparé du corps. «L'œil était dans la tombe et regardait Caïn…»

5 Motivations, émotions et personnalité

Sommaire

Besoin, instinct, envie, passion, désir, pulsion, intérêt, curiosité, volonté, projet, but, mobile (du crime). Le vocabulaire de la vie courante est abondant pour exprimer les forces qui impulsent notre activité. Ces termes variés reflètent des conceptions fort différentes, de l'instinct, qui évoque un déterminisme génétique total au projet ou à la volonté, qui expriment une vision humaniste où l'homme garde son libre arbitre. Dans une perspective scientifique, où tout nouveau concept doit être justifié expérimentalement, l'ensemble de ces termes ont été regroupés dans le concept générique de motivation. La motivation est donc l'ensemble des mécanismes biologiques et psychologiques qui permettent le déclenchement de l'action, l'orientation (vers un but, ou à l'inverse pour s'en éloigner) et enfin l'intensité et la persistance : plus on est motivé et plus l'activité est grande et persistante.

70 Faim, soif, attirance sexuelle… d'où viennent vos instincts ?

Le cannibalisme n'a pas disparu !!! Lors du *crash* d'un avion dans la Cordillère des Andes, des passagers survivants ont mangé des morts pour survivre. Ce fait divers défraya la chronique au point d'en faire un film, mais ce cas n'est pas isolé et se produisit aussi dans l'armée de Napoléon lors de la retraite de Russie. Ces faits, parmi d'autres, violences, assassinats… montrent bien l'existence d'instincts animaux chez des humains pourtant bien socialisés. Les instincts existent bien mais comment fonctionnent-ils ?

Les éthologistes, c'est-à-dire ceux qui étudient le comportement des animaux dans leur milieu (littéralement, *ethos* signifie « mœurs »), ont bien montré que derrière les motivations populairement appelées « instincts » se cache un cocktail de composantes innées alors que d'autres sont apprises.

Niko Tinbergen, un éthologiste célèbre, a obtenu un prix Nobel pour ses patientes recherches. Il a démontré entre autres les rouages des instincts de reproduction chez un petit poisson de nos mares, l'épinoche. En quelque sorte, il a révélé nos instincts « dans un aquarium ». Le comportement allant de la cour nuptiale jusqu'à la couvaison se décompose en plusieurs séquences déclenchées par un signal précis (en interaction avec l'état hormonal du poisson). En fonction de changements hormonaux à la fin de l'hiver, l'épinoche mâle arbore un ventre rouge face aux intrus pour défendre son territoire ; la couleur « signal » de l'animal est ainsi l'ancêtre lointain des parures de nos chevaliers du Moyen Âge ou, plus récemment, des tags qui marquent le territoire des bandes de jeunes. Après avoir constitué un nid en forme de tunnel de brindilles, son dos devient argenté et ces nouvelles couleurs servent de signaux pour attirer la femelle… Différentes séquences vont ainsi se suivre dans un ordre immuable, chacune déclenchée par un signal primitif. À tel point que Tinbergen a prouvé leur action en utilisant de faux signaux ou leurres comme déclencheurs : par exemple, le signal de la ponte étant déclenché par le tapotement du museau du mâle sur le dos de la femelle, l'expérimentateur stimule la ponte par un tapotement au moyen d'une baguette de bois. Les leurres étant plus efficaces d'autant qu'ils sont exagérés, on peut voir dans le maquillage (attirance sexuelle), dans les menaces de la cour de récréation (préliminaires de l'agression)… les équivalents humains des signaux déclencheurs des séquences biologiques.

Pour conclure

Selon la complexité de l'espèce animale, les composantes apprises prennent de plus en plus d'importance, au point que chez l'homme, des apprentissages sociaux peuvent être en conflit avec les besoins biologiques ; par exemple, boire plus que de raison, fumer des cigarettes, ou la célèbre pratique du *vomitorium* des Romains nuisent à la santé et sont donc en opposition avec les besoins biologiques. À l'extrême opposé, chez les animaux élémentaires, notamment les insectes, les composantes innées, programmées génétiquement, sont dominantes voire impossibles à corriger par des apprentissages.

71 Comment expliquer le mystère des migrations d'oiseaux ?

Les migrations des oiseaux (Dorst, 1956) fournissent un excellent exemple de la complexité de ce qu'on appelle trop superficiellement un instinct, dans ce cas l'instinct de migration. Tout d'abord, tous les oiseaux ne migrent pas, certains hivernent sur place comme les merles, les mésanges, d'autres font simplement une dispersion hivernale se répartissant pour les oiseaux du Nord de l'Europe vers le Sud-Ouest mais sur un large front géographique. Lorsqu'il y a migration, celle-ci n'obéit pas à un déterminisme simple. Les oiseaux septentrionaux (Scandinavie) migrent plus que des espèces voisines vivant à des latitudes plus basses donc moins froides. Par ailleurs, le « style » des migrations est très variable, les cigognes paraissent suivre des lignes de relief ou des côtes, ne survolant que les étendues d'eau les plus courtes tandis qu'à l'inverse les grands voiliers comme la sterne arctique, le puffin australien, se laissent porter comme des planeurs sur des milliers de kilomètres par les grands courants aériens.

Les mécanismes de la navigation sont eux-mêmes différents, les jeunes suivent les oiseaux les plus âgés (comme les oies et canards sauvages qui volent selon un V pour suivre un « chef ») et apprennent ainsi différents repères géographiques (le Mississippi par exemple) ou des repères astronomiques comme les étoiles. Stephen Emlen (1972) a montré par des expériences en planétarium avec un grand migrateur, le bruant indigo, que les jeunes se guident par rapport à l'axe de rotation apparent de la voûte céleste et se trompent de direction si l'on donne artificiellement un autre axe de rotation dans le planétarium ; tandis que les oiseaux les plus âgés ne se trompent pas et se guident d'après des constellations qu'ils ont apprises lors de voyages antérieurs. Il y a donc une sorte de transmission d'une « tradition » de voyage par un apprentissage par observation des jeunes au contact des plus âgés au cours de plusieurs voyages (les oiseaux ont une excellente acuité et mémoire visuelle).

Pour conclure

L'une des migrations les plus étonnantes est celle du pluvier doré car, se reproduisant au nord du Canada en été, les pluviers s'envolent en automne pour un très long voyage vers leur aire d'hivernage, en Amérique du Sud, en traversant environ 3 800 kilomètres d'océan ; au printemps, le retour se fait par une autre route passant à l'intérieur du continent. Il est difficile de penser que ce comportement complexe soit inné et l'hypothèse la plus séduisante (Dorst, 1966) est d'imaginer que cette migration actuelle est une complication d'un trajet plus ancien appris de génération en génération au cours des glaciations. Les oiseaux sont descendus de plus en plus bas, « poussés » par le refroidissement de leurs aires d'hivernage en fonction des glaciations du quaternaire (qui débutèrent il y a un million d'années).

72 Qu'est-ce qui déclenche nos motivations ?

Dans l'Antiquité, notamment chez les Grecs et les Romains, les forces de la nature ainsi que nos actes étaient déterminés par des dieux, comme Éros-Cupidon et Aphrodite-Vénus pour les dieux de l'amour, Thanatos pour la mort, Bacchus (Dionysos) chez les Romains pour la fête ; pour le christianisme, c'était plutôt le Diable qui était à l'origine de mauvaises pulsions. Fin XIXe siècle, Freud apportait un peu de rationalisme en expliquant certaines pulsions par un inconscient, bien réaliste mais encore mystérieux. Il a fallu attendre le milieu du XXe siècle pour que les découvertes en micro-électrophysiologie (micro-électrodes qui captent le signal nerveux ou stimulent des zones à l'échelle du neurone) permettent d'éclairer le rôle de certains centres du cerveau. C'est ainsi qu'on découvrait le réservoir des pulsions : il s'agit d'un centre sous-cortical (sous le cortex) appelé « hypothalamus », qui génère dans des zones spécialisées l'origine biologique de nos comportements programmés, la faim, la soif, la recherche d'un partenaire sexuel, le sommeil…, mais aussi déclenche des besoins de fuite et de peur…

Ainsi, le physiologiste James Olds a montré que des rats appuyaient sans arrêt sur une barre qui les stimulait électriquement (non pas des chocs, mais des stimulations de l'ordre de grandeur de l'électricité cérébrale naturelle) dans certaines zones : c'est le « centre du plaisir ». D'autres chercheurs ont découvert des centres de peur ou de punition, de sorte que des stimulations dans ces zones déclenchent des comportements de peur ou de douleur chez les animaux.

Ces centres agissent de manière complexe, notamment par l'intermédiaire de l'hypophyse, le « chef d'orchestre des glandes hormonales », qui secrète dans des zones très localisées des microquantités de substances ; ce sont elles qui stimulent les glandes secrétant les hormones. Ainsi la stimulation chimique ou électrique de l'hypothalamus déclenche différents besoins et comportements végétatifs ; l'injection en microquantité d'hormones sexuelles chez le rat déclenche une hypersexualité : Vaughan et Fisher déclenchèrent chez le rat par stimulation électrique des coïts complets avec éjaculation 44 fois successivement. Des comportements similaires d'hyperphagie sont obtenus, l'ovulation chez la lapine… (Donnet, 1969).

Le centre du plaisir a pu être étudié chez l'homme au cours d'opérations du cerveau (Sem-Jacobsen et Torkildsen, 1960, cit. Kretch et Crutchfield, 1969). Lors d'une autostimulation (quand ils appuient sur un bouton, il y a une stimulation du centre du plaisir) ils déclarent qu'ils se sentent bien, sourient et apparaissent contents mais ne peuvent identifier ce plaisir ou le relier à des expériences antérieures. L'essence même du plaisir n'est pas sexuelle, comme le pensait Freud dans sa conception de la *libido* (pulsion sexuelle).

Pour conclure

D'autres recherches ont conduit le neurobiologiste Jaak Panksepp à identifier quatre grands systèmes. Dans sa théorie, la motivation et l'émotion ne sont que deux phénomènes placés sur un même *continuum* et ne se différencient que par l'intensité : une faible excitation d'un système produit un état motivationnel, par exemple de surveillance, alors qu'une faible excitation peut produire une peur panique, de même entre un besoin léger de nourriture et un désir incontrôlé de nourriture pouvant aboutir au cannibalisme.

Un des quatre systèmes correspond au centre du plaisir quoique ce chercheur préfère l'appeler le désir et correspond aux motivations appétitives ou d'approche ; ce sont la faim, la soif, le sexe, le besoin de sommeil, etc. Ces besoins sont déclenchés par des stimulations internes ; par exemple la chute du taux de glucose dans le sang déclenche la sensation de faim ; ainsi a été découvert le centre de la faim de l'hypothalamus disposant des récepteurs de glucose. À l'inverse, leur satisfaction, par exemple manger, produit une impression de bien-être. La peur est déclenchée par un danger de destruction ou par des stimulus innés (bruit intense, perte du support chez l'enfant ; ombre chez les oiseaux...) et déclenche soit la fuite, soit une paralysie (jambes en coton...). La colère est produite par une blessure ou la frustration et déclenche des réactions de menace et d'agression. Et enfin, un système que l'on trouve essentiellement chez les primates (et chez le hamster mais non chez le rat) donc l'homme, le système de la détresse dont le stimulus est la perte du contact social, et qui produit des gémissements et pleurs. C'est probablement ce système qui fait que les jeunes enfants (parfois moins jeunes) recherchent le contact doux d'une peluche...

C'est le monde souterrain des pulsions puissantes que Freud avait découvertes, les appelant du nom vague d'« inconscient » en fonction des connaissances médicales de son époque et qu'on appelait autrefois le Diable ou les puissances du mal. L'homme n'admet pas la bête qui est en lui et a tendance à attribuer à des entités extérieures l'apparition de ces comportements qui inspirent parfois honte et crainte.

73 Savez-vous que vous avez un 3e œil ?

Délaissé des astrologues, il y a pourtant bien un astre qui agit sur notre caractère, c'est le Soleil. Il apporte déjà la vie (= la chlorophylle des plantes synthétise l'énergie grâce aux photons) mais les recherches récentes ont montré que notre vie végétative dépend du Soleil, tout comme chez les végétaux. Chez les vertébrés, des poissons aux mammifères et naturellement l'homme, l'hypothalamus, « cerveau » de la vie végétative, programme les composantes physiologiques de la faim, la soif, les rythmes veille/sommeil, la sexualité… Or l'hypothalamus lui-même est stimulé par une autre structure du cerveau, l'épiphyse : c'est une sorte d'œil fossile (avec de vrais photorécepteurs) d'où son nom moyenâgeux de 3e œil (ou glande pinéale à l'époque de Descartes).

Cet étrange système a été découvert pour expliquer l'impulsion migratoire des oiseaux. Car au moment du printemps, ces grands changements physiologiques se produisaient, prise de poids, grossissement des glandes sexuelles, puis augmentation de l'activité jusqu'à l'envol. Suspectant l'augmentation de l'ensoleillement, des chercheurs firent des expériences sur des canards migrateurs, en encapuchonnant certains d'entre eux. Ceux-ci ne se développaient pas comme leurs compagnons qui goûtaient au soleil. La suite des recherches montra que c'était bien la quantité de lumière qui intervenait en stimulant, à travers la voûte osseuse plus mince au sommet du crâne, une structure qui serait une sorte d'œil fossile, l'épiphyse. La stimulation de l'épiphyse par les photons déclenche une hormone, la mélatonine, qui stimule toutes les fonctions de l'hypothalamus.

Descartes pensait que Dieu communiquait avec l'âme par la glande pinéale, point de départ des esprits animaux qui rendaient mobiles les différentes parties du corps. Il n'avait pas tout à fait tort mais comme pour les Incas et les Égyptiens, Dieu, c'est le Soleil…

Pour conclure

Les médecins commencent à connaître les effets négatifs de l'absence de soleil, notamment pendant les hivers longs, et parlent de « dépression hivernale » pour notre apathie pendant les mois de grisaille. Mais c'est bien pire pour les régions subpolaires, qui connaissent des mois d'obscurité, si bien que des cures de photothérapie existent et sont même instituées dans les écoles. Dans d'autres pays (USA), des prescriptions de mélatonine sont même données à ceux qui subissent cette dépression hivernale. Et les agences de voyage l'ont bien compris, c'est la règle des 3 S « Sea, Sex and Sun » !!!

74 Pourquoi les vendeurs de certains magasins se précipitent-ils pour vous aider (et pas dans d'autres) ?

Les premières recherches quantitatives sur la motivation ont été faites chez le petit rat de laboratoire dans des expériences d'apprentissage du labyrinthe. En étudiant cette petite bébête, certains chercheurs pensaient étudier les mécanismes d'apprentissage chez l'homme mais en moins compliqué. C'est vrai qu'étudier l'apprentissage d'un concerto de Rachmaninov chez un pianiste n'est pas forcément évident.

Un des *leaders* théoriques des années quarante-cinquante, Clark Hull, de l'université de Yale, perçoit rapidement (dès son premier livre en 1943, *Principes du comportement*) la nécessité de lier la motivation à l'apprentissage. Pourquoi ? Tout simplement parce que notre petit rat ne travaille que s'il est affamé puis récompensé. Ainsi s'instaure une pratique, devenue classique, de donner une récompense (petite boulette de nourriture ou morceau de biscuit) dans le but, au bout du labyrinthe, comme dans cette expérience d'un chercheur très connu de cette époque, Edward Tolman. Un groupe de rats est faiblement affamé et un autre l'est très fortement. Enfin, chaque groupe est subdivisé en deux sous-groupes. L'un reçoit de la nourriture comme récompense lorsque les rats arrivent au but, en fin de labyrinthe, tandis que l'autre sous-groupe ne reçoit pas de récompense (les rats sont alimentés une fois arrivés dans leur cage).

Figure 5.1 – Double effet du besoin et de la récompense chez le rat dans un labyrinthe (simplifié d'après Tolman et Honzik, 1930)

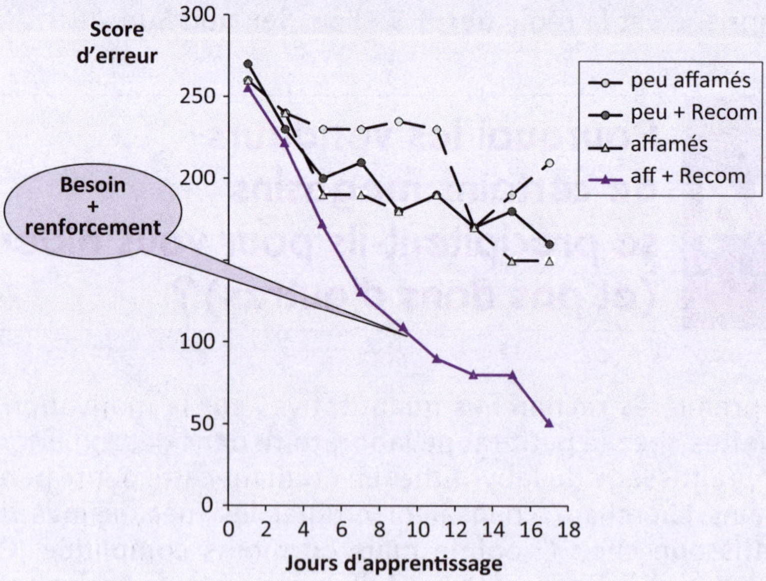

☛

Les résultats montrent que le sous-groupe qui apprend le plus rapidement (forte diminution des erreurs) est le sous-groupe des rats à la fois affamés et récompensés.

De telles expériences ont incité Hull à proposer une célèbre formule (visiblement inspirée de la formule des forces physiques de Newton, F = Masse x Accélération) selon laquelle la motivation est déterminée par le besoin et le renforcement (terme technique pour récompense).

Pour conclure

Cette loi, appelée « loi de Hull » ou « loi du renforcement », a été appliquée dans le système des primes du marketing : le vendeur n'est que faiblement payé pour créer un besoin (équivalent chez le rat au besoin alimentaire), puis est renforcé par une prime (équivalent de la boulette de nourriture) chaque fois qu'il a vendu un appareil ou atteint un objectif (équivalent au but du labyrinthe). À l'inverse, les renforcements négatifs font baisser un comportement indésirable.

C'est la carotte ou le bâton !!!

75 Énervé, coincé, frustré, dégoûté ?

« *Énervé*, *coincé*, *frustré*, *dégoûté* ? » Non, il ne s'agit ni de l'école, ni du travail mais d'un jeu vidéo. Ainsi titrait en effet la revue de jeux vidéo *Player Station*[1] après la sortie de « Tomb Raider III ». Pourtant beaucoup d'élèves aimeraient avoir la belle Lara Croft comme professeur ! Oui

1. Numéro L8295.

mais voilà, le jeu est trop dur. Comme l'écrit l'éditorialiste : « Stop !!! *Help !* Face à une difficulté à la limite du supportable, nous avons jugé bon pour vous, qui avez investi dans ce cauchemar, de vous faciliter la vie avec une soluce… » En effet, à certains niveaux, Lara Croft doit ramper ou nager dans les égouts de Londres, où rôdent des crocodiles, et la torche ne reste allumée que quelques secondes… Lara se fait croquer à tous les coups…

C'est un courant de recherche, initié chez l'animal, qui a permis de faire une avancée importante dans ce domaine aux conséquences parfois dramatiques.

Tout commence par des expériences sous la direction de Martin Seligman de l'université de Pennsylvanie. Dans une expérience, trois groupes sont constitués avec des chiens qui, individuellement, sont attachés dans un harnais. Dans le premier groupe, appelé « évitement », les chiens reçoivent 64 chocs électriques douloureux espacés (une à deux minutes). Si le chien appuie sur un panneau placé juste devant son museau durant le choc, alors ce dernier s'arrête, sinon il continue pendant 30 secondes. 24 heures plus tard, les chiens sont mis dans une boîte à navette (*shuttle box*) ; ce dispositif de la navette avait été inventé par d'autres chercheurs pour étudier le stress et il est couramment employé chez le rat pour étudier l'effet de médicaments anti-stress, tranquillisants, antidépresseurs… La navette est constituée de deux compartiments séparés par une barrière, un peu comme un court de tennis miniature. Mais là s'arrête la comparaison car un signal sonore retentit annonçant (10 secondes plus tard) l'arrivée d'un choc électrique dans le compartiment où se situe le chien. Dans ce dispositif, appelé aussi « conditionnement d'évitement », le chien est prévenu de sorte que, s'il saute la barrière pour aller dans l'autre compartiment dès le signal, il évite complètement le choc électrique ; sinon 10 secondes après le signal il reçoit le choc électrique.

Un deuxième groupe, dit « contrôle », ne passe pas la période pré-expérimentale dans le harnais, mais seulement la deuxième dans la boîte à navette. Enfin, le troisième groupe est tout à fait spécial puisqu'il reçoit un entraînement pré-expérimental dans le harnais mais l'appui du museau sur le panneau ne permet pas d'arrêter le choc. 24 heures plus tard ce troisième groupe est mis dans la boîte à navette dans les mêmes conditions que les 1er et 2e groupes.

Figure 5.2 – Ralentissement du temps à éviter un choc électrique pour le groupe de chiens résignés par rapport à deux autres groupes (d'après Maier et Seligman, 1967)

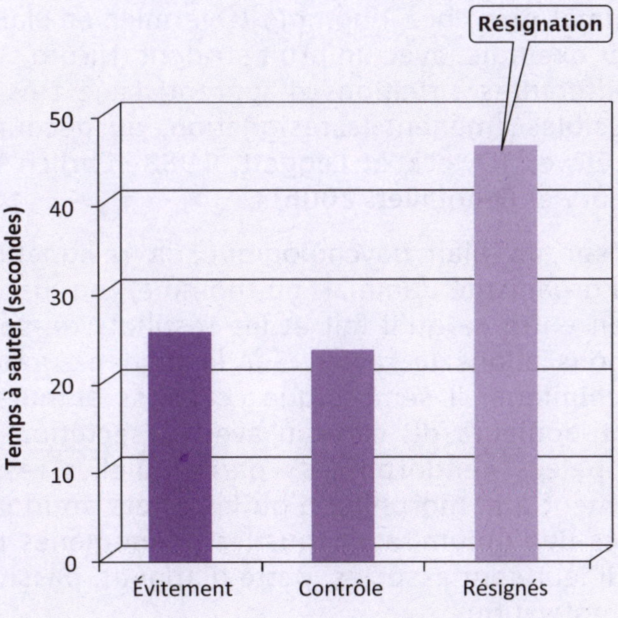

Les résultats sont percutants puisque l'on constate que si le temps passé (en moyenne) dans l'autre compartiment, dépourvu de choc, est d'environ 27 secondes dans le groupe « évitement » ou dans le groupe contrôle, le troisième groupe met en moyenne près du double de temps pour s'échapper (48 secondes). Sachant que le choc

☛

arrive dix secondes après le signal, plus de 75 % des chiens de ce troisième groupe n'arrivent pas à éviter au moins 9 chocs sur les 10 alors qu'aucun chien du groupe « évitement » n'arrive jamais à une telle extrémité. Les chiens sont passifs et, pour cette raison, Seligman les a appelés « résignés » : c'est le phénomène, désormais célèbre, de « résignation apprise ».

Pour conclure

De nombreuses expériences ont confirmé ce phénomène tant chez l'animal que chez l'homme (Overmier et Blancheteau, 1987), par exemple, avec un bruit strident (Hiroto, 1974). De même, différentes situations d'apprentissage très difficiles ou impossibles amènent la résignation, ou découragement chez les élèves (Dweck et Leggett, 1988 ; Ehrlich et Florin, 1989 ; Lieury et Fenouillet, 2006).

En bref, sur un plan psychologique, la résignation arrive lorsque l'organisme (animal ou homme) ne perçoit plus de relation entre ce qu'il fait et les résultats de son action, comme nous allons le revoir. Sur le plan neurobiologique et neurochimique, il semble que ce stress stimule les systèmes anti-douleurs du cerveau avec la sécrétion de substances appelées « endorphines » parce qu'elles ressemblent chimiquement à la morphine d'où les effets antidouleurs de ces dérivés de l'opium, avec tous les phénomènes psychologiques qui leur sont associés, perte d'appétit, passivité, bref, perte de motivation...

76 Pourquoi veut-on toujours plus ?

De nombreux joueurs continuent de jouer, parfois toute leur vie, sans jamais gagner (ou des sommes minimes) : c'est le « paradoxe du joueur » (Rachlin, 1990).

Figure 5.3 – Redistribution des gains dans la Française des Jeux

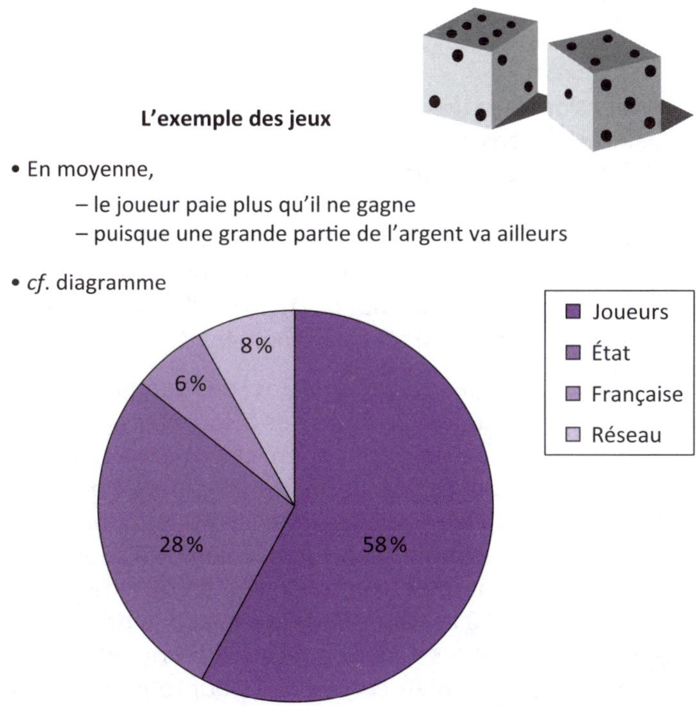

En moyenne, le joueur paie plus souvent qu'il ne gagne puisqu'une grande partie des gains, environ 40 %, est redistribuée ailleurs, dans la Française des Jeux. Certains jeux sont pires comme le Banco puisque les joueurs ne récupèrent qu'un tiers de leur mise.

Comment donc expliquer cette persistance extraordinaire, signe d'une forte motivation? Ce comportement mystérieux s'explique au contraire très bien dans la théorie d'Albert Bandura, un chercheur de l'université de Stanford en Californie, de l'anticipation symbolique du renforcement. Le joueur n'a pas besoin de gagner effectivement, il gagne «dans sa tête», ce qu'avait parfaitement anticipé Jean de la Fontaine dans sa fable «Perrette et le pot au lait»...

Dans une extension de sa théorie, la motivation est essentiellement régie par l'autoefficacité perçue (Bandura et Schunk, 1981; Bandura et Cervone, 1983). Du fait de ses capacités de représentation mentale, l'individu est capable d'anticiper des satisfactions provenant de ses réussites ou de ses échecs. Le ressort de la motivation serait donc de se fixer des buts par rapport à des standards personnels. Cet intervalle à combler déclencherait la motivation et le but permettrait d'anticiper des satisfactions (renforcements internes) : c'est le sentiment d'autoefficacité.

Dans une des nombreuses expériences de Bandura et de son équipe, des étudiants doivent s'entraîner à soulever des poids, sous le prétexte de mettre au point des exercices d'aérobic. Trois conditions sont plannifiées : dans une première condition, « but seul », les étudiants doivent soulever à chaque séance 40 % de plus qu'à leur essai précédent. Par exemple, pour un étudiant qui soulevait à son 1er essai 100 kg (= standard personnel), on lui dit qu'il doit se donner pour but d'atteindre 140 kg. Dans la deuxième condition, «*feedback* seul», on informe chaque étudiant qu'il a fait tel ou tel score en kg; en fait, ce chiffre est fictif mais correspond pour tous les participants à une progression fictive de 24 %; par exemple, si le standard d'un étudiant était 100 kg, on lui dit qu'il a soulevé 124 kg (résultat fictif). Enfin, dans le troisième groupe, « but + *feedback* », on donne le but (40 %) et le *feedback*.

Figure 5.4 – Effet de la conjonction but + feedback (d'après Bandura et Cervone 1983)

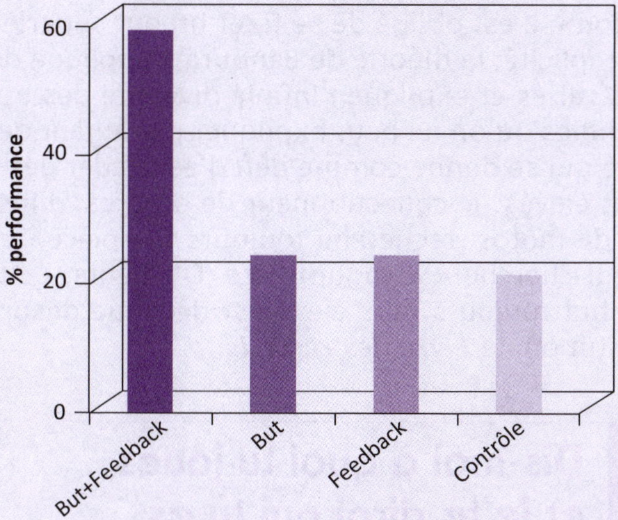

Les résultats montrent que par rapport à un groupe contrôle (qui s'entraîne sans consigne), seul le groupe qui a le but et le *feedback* progresse. Et il progresse de façon fulgurante, puisque les étudiants de ce groupe augmentent leur performance initiale de 60 % (initialement ce sont des étudiants non spécialistes de ce sport).

Pour conclure

Au risque de perdre la vie, des alpinistes cherchent à gravir des sommets de plus en plus haut, des navigateurs à faire le tour de la Terre de plus en plus vite… mais aussi tel collectionneur recherche avec passion l'ultime timbre qu'il n'a pas, ou telle équipe veut réaliser un assemblage de dominos encore plus grand. Pourquoi l'homme veut-il toujours plus ? La théorie de l'autoefficacité perçue d'Albert Bandura l'interprète bien.

Dès qu'un individu a gravi un sommet, par exemple le mont Blanc, cette performance n'est plus pour lui un exploit, mais son nouveau standard personnel, si bien que pour trouver une « motivation », il est obligé de se fixer un but supérieur. Par sa grande simplicité, la théorie de Bandura s'applique donc à des domaines variés et explique l'infinie diversité des « passions » et des hobbies qu'on ne peut expliquer par autant de besoins. L'alpiniste qui se donne comme défi d'escalader des pics sans cesse plus élevés ; le collectionneur de timbres, d'insectes, de voitures, de motos, recherche toujours la « pièce » unique ; le surfeur qui cherche « la vague », etc. D'ailleurs, cette recherche d'un but toujours plus élevé est devenue désormais une vraie institution, le *Livre des records*...

77 Dis-moi à quoi tu joues et je te dirai qui tu es...

Aussi loin que nous remontions dans l'histoire, le jeu a toujours été une forme d'activité importante, les osselets, le jeu de l'oie, les échecs...

Mais les gens jouent pour des raisons diverses. Dans une étude exploratoire dans notre laboratoire, nous avons fait une étude factorielle (analyse statistique permettant de regrouper des éléments en catégories fondamentales) sur 50 jeux très variés ; jeux de société : baby-foot, jeu de l'oie, échecs, Trivial Pursuit, belote ; jeux vidéo : Tomb Raider, V-Rally ; jeux d'argent : loto, machines à sous ; sports : tennis, football, etc.

Un questionnaire de 80 questions était posé à 40 sujets d'âges et de catégories socio-professionnelles très variés. Ces questions portaient sur des jeux précis (belote, football) ou des catégories de jeux (jeu de découverte, de compétition…) afin d'identifier les différentes motivations explicites. Par exemple :

– Êtes-vous attiré(e) par le football ?

– Êtes-vous attiré(e) par des jeux de grattage (Banco, Morpions…) ?

– Êtes-vous attiré(e) par des jeux où il y a de la compétition ?

– Êtes-vous attiré(e) par des jeux où la découverte est déterminante ?

– Êtes-vous attiré(e) par des jeux où seule la chance est déterminante ?

Et les sujets devaient cocher une case parmi cinq choix : pas du tout, peu, ne se prononce pas, assez, beaucoup.

Les résultats montrent de fortes corrélations (voir « Les forts en thème sont-ils nuls en sport ? » pour l'explication de la corrélation) avec seulement trois grandes catégories de motivations (tableau 5.1). La découverte correspond à une motivation spéciale proposée par des chercheurs (Richard Deci et Richard Ryan), la motivation intrinsèque. Avec une motivation intrinsèque, les individus réalisent une activité pour le plaisir (découverte, recherche de sensations, curiosité) et non pour un renforcement externe, obligation ou récompense (motivation dénommée « extrinsèque »). Dans l'étude, on constate que cette motivation est concernée par les jeux de connaissance ou de découverte : Cluedo, Tomb Raider. La compétition correspond à une motivation liée à l'*ego* ; certains, comme John Nicholls, se sont aperçus que des individus faisaient quelque chose pour grandir leur estime, d'où le nom d'implication par rapport à l'*ego*. Cette motivation est souvent liée à une situation de compétition, où l'individu cherche à être le meilleur : on la trouve dans notre étude pour des jeux tels le football, le Trivial Pursuit. Et enfin, les jeux d'argent comme les jeux de grattage (ex. Banco), le loto correspondent à la loi du renforcement, une motivation extrinsèque typique.

Tableau 5.1 – Exemples de jeux typiques avec leur corrélation dans la catégorie de motivation (Lieury, Le Gall et Fenouillet, 1999 ; cit. Lieury et Fenouillet, 2006)

Découverte et progression	Compétition	Argent
Cluedo .49 *Tomb Raider* .48 Jeux de rôles .47 *Scrabble* .47 Échecs 39 *Monopoly* .39	Foot .43 Golf .36 Escrime .34 Boules .32 Belote .27	Loto .63 Grattage .52 Machines à sous .52 Roulette .50 Poker .44 Tiercé .39

Pour conclure

Les jeux représentent bien un résumé de nos activités. Les recherches indiquent que sous l'extrême variété des activités humaines se cachent assez peu de mécanismes motivationnels. La plupart des théories mettent en avant deux besoins fondamentaux, le besoin d'estime (appelé *ego* ou « autoefficacité » par d'autres chercheurs) et le besoin d'autodétermination, ou besoin de choisir librement. Ainsi la motivation intrinsèque, curiosité, besoin de découverte ou de sensations nouvelles, est la résultante de ces deux besoins, besoin d'estime et besoin d'autodétermination. Cette dernière motivation explique idéalement nos passions et nos *hobbies*...

78 Le dicton « Ventre affamé n'a pas d'oreilles » est-il juste ?

« Ventre affamé n'a pas d'oreilles. » C'est ainsi que pourrait se résumer la théorie de Maslow, qui a connu un succès dans le marketing car dépassant une analyse simpliste en besoin unique. Pour Maslow (1943), les besoins peuvent être regroupés en 5 catégories principales. Mais surtout, l'originalité de la théorie est de hiérarchiser les besoins de sorte qu'un besoin supérieur ne s'exprime que lorsque le besoin du niveau inférieur est satisfait.

Figure 5.5 – Pyramide des besoins selon Maslow

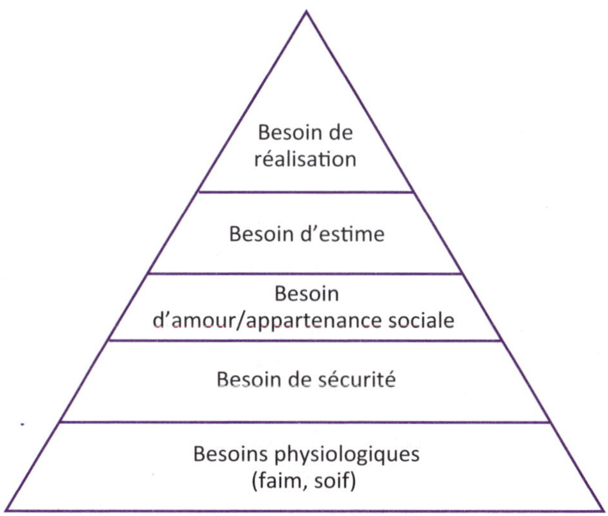

Si les besoins physiologiques, faim, soif, désir sexuel, besoin de sommeil… sont satisfaits, d'autres besoins apparaissent. De même pour les besoins de sécurité et de confort matériel : le besoin d'avoir un chez-soi, un moyen de locomotion. Ce niveau satisfait laisse apparaître les besoins d'affection, ou d'amour, ou d'appartenance sociale (dans le marketing). Puis apparaissent des motivations plus sociales qu'on peut regrouper sous le terme de besoin d'estime, qui correspond, dans le langage courant, à « l'ambition ». Enfin, le niveau le plus élevé de la hiérarchie des besoins, selon Maslow, serait la réalisation de soi, de ses intérêts, aptitudes et valeurs.

La théorie de Maslow est souvent appliquée dans la psychologie de la vente car un de ses intérêts est d'expliquer que le même achat peut correspondre à des besoins multiples. Par exemple dans un ouvrage d'économie d'entreprise (Longatte et Muller, 2001), l'achat d'un vêtement répond à des besoins variés : des besoins physiologiques comme se protéger du froid ou à l'inverse ne pas souffrir de la chaleur ; des besoins d'appartenance à un groupe (= besoin d'affection) : être à la mode, c'est-à-dire être habillé comme les autres du groupe et enfin le besoin d'estime : se valoriser par sa tenue en la choisissant originale.

Cette théorie était séduisante mais elle est contredite sur de nombreux points : il n'y a pas toujours de différences tranchées entre les catégories de Maslow ; notamment entre le besoin d'estime et le besoin d'appartenance : dans l'exemple précédent (achat d'un vêtement), « être à la mode » correspond aussi bien au besoin d'appartenance à un groupe qu'au besoin d'estime.

Mais c'est surtout la hiérarchisation qui pose problème. La satisfaction d'un besoin supérieur n'apparaît pas toujours quand le besoin inférieur est réalisé. Ainsi, dans une grande entreprise américaine, structurée avec des niveaux de hiérarchie très nombreux (Hall et Nougaim, 1968), les cadres montrent un besoin de réussite toujours très fort même chez ceux qui ont bénéficié de nombreux avancements.

☛

Dans une autre étude de Barbara Goebel et Dolorès Brown (1981), des sujets de différentes tranches d'âge, allant de 9 à 80 ans, doivent classer des besoins par ordre d'importance ; on pourrait penser que les niveaux inférieurs des besoins vont se trouver en moyenne satisfaits en fonction du développement de l'âge et faire apparaître des besoins supérieurs… mais l'étude révèle qu'à tout âge, c'est le besoin d'affection qui domine. L'amour, toujours l'amour… thème inépuisable des chansons, des romans et des films !!!

Pour conclure

Il n'y a pas de hiérarchie des besoins, certains besoins fondamentaux cohabitent et demandent à être réalisés de concert. Même les besoins biologiques ne se trouvent pas toujours satisfaits. L'observation ou les biographies montrent que certaines personnalités ont un besoin de réalisation si fort qu'il prime sur les besoins physiologiques : Marie Curie fut trouvée plusieurs fois inanimée par le manque de nutrition au cours de ses études de médecine et le contre-exemple flagrant de la hiérarchie des besoins est celui des « martyres » qui acceptent de mourir pour leurs idées !!!

En revanche, l'idée première de Maslow qu'un même but soustend des motivations multiples est bonne et s'applique bien à l'amour. L'amour humain peut être recherché pour satisfaire des besoins multiples, sexe, sécurité (un foyer, sécurité financière), affection (tendresse) mais aussi estime ou réalisation (se marier avec un notable, un prince, une star, un mannequin…). Mais plus que sous la forme d'une pyramide, ces besoins s'articulent comme un puzzle, au grand bonheur des scénaristes de films !!!

79 Pourquoi ressentez-vous des émotions ?

Déjà Léonard de Vinci (1452-1519, cit. Munn, 1956) distinguait les visages plaisants des visages déplaisants par l'orientation des extrémités des sourcils et des lèvres vers le haut (visage souriant) ou vers le bas (visage triste ou renfrogné). Un siècle plus tard, Descartes montrait aussi les différences dans le visage apeuré (contracté) et en colère (très contracté). C'est Darwin dans son traité *L'Expression des émotions chez l'homme et chez l'animal* (1872) qui exprimera nettement l'idée, déjà contenue chez les fabliaux (La Fontaine) d'une ressemblance entre les émotions humaines et animales, les émotions étant en quelque sorte des dérivations de comportements ayant une finalité dans la compétition vitale. Par exemple, la colère et peut-être le rire moqueur sont des réactions de préparation au combat ; le tressautement de la surprise est peut-être l'ébauche d'un saut en arrière.

Caroll Izard, un des chercheurs les plus productifs dans ce domaine, a présenté une théorie des émotions différentielles et une échelle correspondante basée sur des analyses des termes employés dans différentes cultures pour différentes expressions de visages dans des photographies (Izard, 1971, 1992, 1993). Ses recherches aboutissent à identifier douze émotions fondamentales, que voici avec un bon exemple :

Tableau 5.2 – Les émotions de base dans la théorie d'Izard avec des items représentatifs (adapté d'après Izard, Libero, Putnam et Haynes, 1993)

	Exemples d'items des échelles « Dans votre vie quotidienne, vous sentez-vous souvent… »
I. Intérêt	Très intéressé par ce qu'on est en train de faire
II. Joie	Joyeux, tout va dans le bon sens, tout est rose
III. Surprise	Étonné quand on ne comprend pas ce qui se passe, c'est si inhabituel
IV. Tristesse	Découragé, rien ne va
V. Colère	En colère, irrité, énervé
VI. Dégoût	Dégoûté comme pour quelque chose de d'écœurant
VII. Mépris	Comme quelqu'un qui n'est bon à rien
VIII. Peur	Apeuré, comme si vous étiez en danger, très tendu
IX. Culpabilité	Avoir des regrets, désolé à propos de quelque chose que vous avez fait
X. Honte	Comme lorsque les gens rient de vous
XI. Timidité	Timide, comme si vous vouliez vous cacher
XII. Hostilité vers soi	Malade à votre sujet

Dans cette théorie, on remarque des sentiments, comme le mépris, ou des comportements liés à la motivation, comme l'intérêt. De fait, les théories neurobiologiques ont tendance à restreindre les émotions à quelques grands systèmes. La variété des émotions s'explique sur le plan psychologique par une diversification, selon le contexte, elles apparaissent alors plutôt comme des sentiments.

Pour conclure

L'observation commune nous permet de distinguer les grandes émotions, la joie comme étant détendue, la colère comme étant rouge et le cœur battant, etc. Voici par exemple les réactions les plus intenses données par des sujets devant décrire leurs émotions :

Tableau 5.3 – Principales réactions physiologiques pour quatre grandes émotions (simplifié d'après Rimé *et al.* ; cit. Kirouac, 1994)

Joie	Peur
Cœur qui bat plus vite Muscles détendus, relâchés Sensations de chaleur diffuse	Cœur qui bat plus vite Muscles tendus, rigides Modification de la respiration
Colère	**Tristesse**
Cœur qui bat plus vite Sensations de chaud, joues brûlantes Modification de la respiration	Boule dans la gorge Cœur qui bat plus vite Sensation dans l'estomac

D'emblée, on remarque que certaines réactions sont spécifiques comme les muscles détendus dans la joie, ou la boule dans la gorge de la tristesse, mais d'autres réactions comme les battements de cœur se retrouvent dans toutes les émotions. C'est pourquoi certains ont nié qu'il y ait des réactions spécifiques, la différence étant dans l'interprétation cognitive d'une activation émotionnelle indifférenciée. En fait, les émotions déclenchent à la fois des réactions différenciées, dont beaucoup sont biochimiques et donc non accessibles à la subjectivité ; mais la plupart d'entre elles déclenchent aussi des réactions communes, l'activation du système sympathique avec sécrétion d'adrénaline ou le stress, ce qui explique par exemple que le cœur s'accélère dans la plupart des émotions…

80 Qu'est-ce qui vous fait plaisir ou qui vous énerve ?

Les travaux contemporains intégrant les recherches en micro-électrophysiologie et pharmacologie confirment la théorie de Darwin selon laquelle il y a une filiation entre les émotions chez l'animal et l'homme. Les émotions seraient en quelque sorte les fossiles de systèmes de réaction ayant une utilité biologique chez nos ancêtres les bêtes. Chez les mammifères (rat, chat, lion... et l'homme), il existe au niveau du système limbique, sorte de « cerveau émotif » (hypothalamus, hippocampe, amygdale, bulbe olfactif, une partie du thalamus ; Karli, 1969), des systèmes de commande des émotions. Ce centre déclenche plusieurs émotions selon quatre grands circuits :

Jaak Panksepp (1982, 1989) a proposé une synthèse théorique dans laquelle il y a quatre grands systèmes motivationnels-émotifs, les systèmes du désir ou du plaisir (bien que l'auteur préfère « désir »), de la peur, de la colère et enfin de la détresse.

Chaque système est préprogrammé génétiquement et répond à un nombre réduit d'incitateurs naturels qui déclenchent des réactions spécifiques instinctives.

Panksepp préfère parler de « désir » plutôt que de plaisir car il correspond à ce que les physiologistes appellent les motivations appétitives, recherche de nourriture, d'un partenaire sexuel, etc. L'auteur fait remarquer qu'il y a plaisir lorsque la peur ou la colère cesse et pour cette raison distingue plaisir et désir ; mais cet argument est discutable et l'on peut se demander s'il y a vraiment plaisir lorsque douleur, colère ou peur s'arrêtent. On peut donc penser en « trahissant » Panksepp que, d'une façon générale, le désir correspond chez l'homme aux besoins hédonistes des philosophes, la recherche des plaisirs.

Figure 5.6 – Les 4 grands circuits des émotions (d'après Jaak Panksepp, 1982)

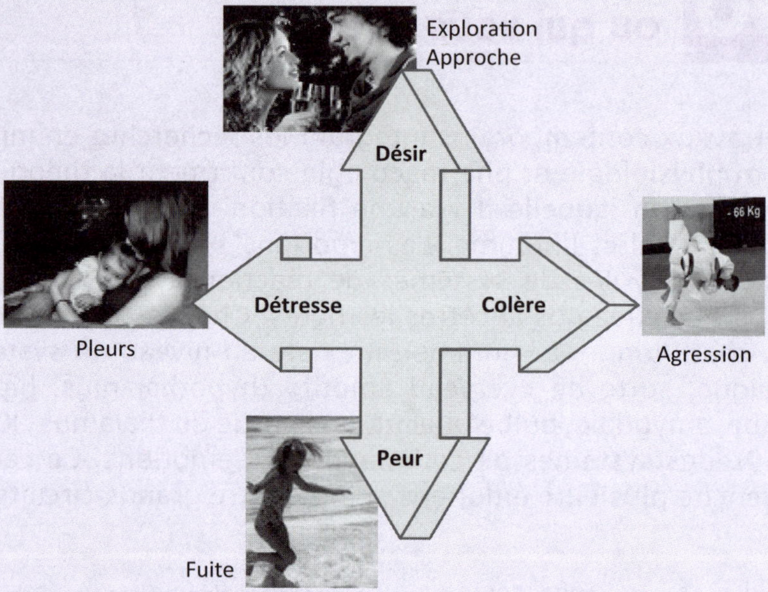

Le système de la colère (rage, agressivité, etc.) a été le premier découvert. L'ablation du cortex chez le chat, du bulbe olfactif chez le rat ou la stimulation électrique de certaines régions du système limbique déclenchent chez l'animal un état de colère d'une violence intense, appelée rage et qui aboutit à tuer des congénères se trouvant dans le voisinage, ce sont les célèbres rats « tueurs » (Karli, 1971). À l'état normal, les incitateurs naturels sont l'irritation (blessures, douleur) et la frustration. Les réactions correspondantes sont l'attaque et le combat avec notamment chez l'animal des morsures. Le cortex, comme certaines stimulations (olfactives chez le rat, certainement visuelles chez l'homme), module et inhibe les réactions paroxystiques de rage pour produire la colère ou ce qu'on appelle agressivité.

Pour conclure

Le cortex, siège des apprentissages sociaux et de la morale, est désinhibé par certaines substances, comme l'alcool. D'autre part, la personnalité individuelle se trouve minimisée voire abolie dans un groupe. Cette addition de mécanismes de désinhibition explique que des violences puissent apparaître chez des gens par ailleurs bien « rangés » comme les supporters de matches ou en temps de guerre...

81 Qu'est-ce qui vous fait peur ou pleurer ?

Le système de commande de la peur (angoisse, anxiété...) peut être déclenché également par des stimulations intracérébrales, et faire naître la peur d'une souris chez un chat. Les incitateurs naturels paraissent être la douleur et le danger de destruction. Les réactions déclenchées sont soit la fuite lorsque c'est possible, soit l'immobilité ; on connaît les diverses expressions employées pour désigner cet état chez l'homme, les jambes en coton ou les jambes flageolantes. La finalité biologique de la fuite est évidente, elle permet d'échapper à un prédateur, mais on pourrait se demander quelle est la finalité de l'immobilité (la politique de l'autruche). Mais oui, l'immobilité peut sauver la vie et si vous êtes amateur de documentaires animaliers, vous savez que beaucoup d'animaux ont des couleurs qui leur permettent de se confondre avec leur environnement, c'est le mécanisme de l'homochromie (même couleur). Par exemple, certains papillons ou chenilles se confondent avec l'écorce de l'arbre, l'herbe ou le sable ; les plus impressionnants de ces stratèges de l'immobilité sont le phasme, qui ressemble à s'y méprendre à une brindille, ou le caméléon, qui prend les couleurs de son support. Ces réactions sont sans doute la lointaine origine de se cacher quand on a peur, se «faire tout petit»... Les études psychologiques ont toujours montré que la peur était une émotion très forte (plus forte que le désir). Cela est vraisemblablement dû à la sélection naturelle : un animal qui n'est pas peureux a toutes les chances de se faire manger et n'a pas le temps de transmettre ses gènes. C'est sans doute pour cette raison que la peur, ou sa forme plus chronique chez l'homme, l'angoisse, l'anxiété, est certainement un système très puissant et générateur de troubles comportementaux ou mentaux nombreux ; d'après les psychologues cliniciens, indépendamment de toute école ou théorie, l'angoisse semble être le dénominateur commun de la maladie mentale.

Enfin, le quatrième circuit est le système de la détresse (tristesse) et s'observe plus chez le singe et l'homme. La bonne marche de ce système correspond aux activités sociales, dont le fameux *grooming* chez les singes (s'épouiller mutuellement) et les contacts chez l'homme, des serrements de main ou tapes sur l'épaule jusqu'aux caresses de l'amour. Sur le plan biochimique, diverses hormones de l'hypophyse se répandent dans le cerveau et créent divers états émotifs ; par exemple la vasopressine pourrait être l'hormone du désir sexuel (chez les mâles castrés, la vasopressine diminue de moitié dans le cerveau) tandis que l'ocytocine serait l'hormone de l'instinct maternel (et du comportement nourricier chez le mâle) et du plaisir sexuel. Ainsi, de grandes quantités d'ocytocine et de neurotransmetteurs opiacés sont produites dans le cerveau au moment de l'orgasme.

À l'inverse, la détresse sociale est provoquée par le manque de contact social (chaud et doux) et déclenche des pleurs, des plaintes, la panique et, chez l'homme, l'angoisse existentielle. Ce système correspond également à des sites nerveux car des stimulations intracérébrales chez le cochon d'Inde provoquent des cris de détresse. Panksepp, qui a travaillé avec des collègues sur ces émotions, pense que les mécanismes biochimiques du système de la détresse (tristesse et chagrin chez l'homme) sont étroitement liés aux sites des endorphines (neurotransmetteurs ressemblant chimiquement aux morphines et agissant naturellement comme système antidouleur, Guillemin ; Rossier et Chapouthier, 1982). Dans une série d'expériences sur différents jeunes animaux (chiots, cochons d'Inde, etc.), l'auteur a montré que le nombre de vocalisations de détresse diminuait fortement par injection de morphine.

Figure 5.7 – Diminution des vocalisations de détresse chez des chiots par injection de morphine (d'après Panksepp *et al.*, 1980)

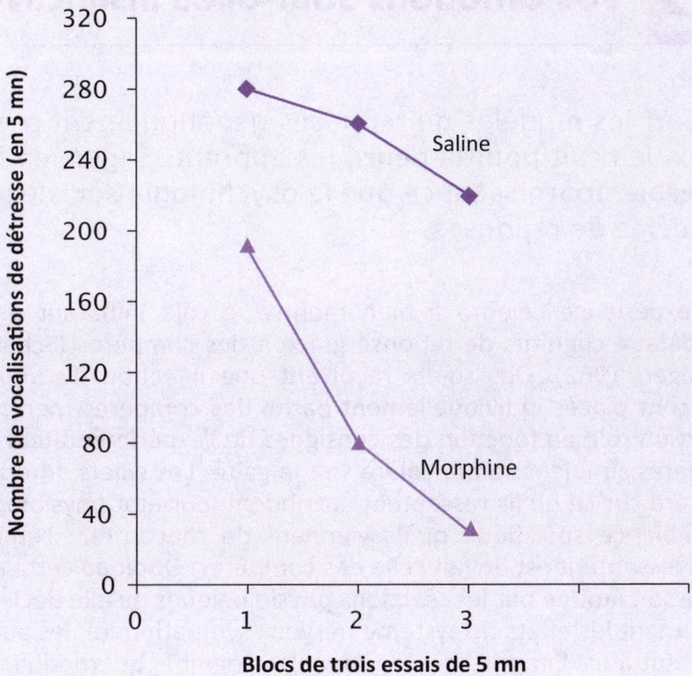

Pour conclure

Ceci expliquerait la ressemblance comportementale entre la dépendance affective et la dépendance aux opiacées, perte d'appétit, tristesse, bien connue à chaque rentrée des classes dans le comportement des enfants à l'école et dans le comportement amoureux :

Comme le dit frère Laurent à Roméo, « L'amour des jeunes gens, en vérité, n'est pas dans leur cœur mais dans leurs yeux... combien d'eau salée versée en vain pour assaisonner l'amour qui n'en garde point le goût ! » (Shakespeare, *Roméo et Juliette*).

82 Vos émotions sont-elles instinctives ?

Mis à part les modèles de réponses génétiquement programmés (ex. le bruit pour la peur), les apprentissages, en famille ou à l'école, fournissent ce que la psychologie sociale appelle les modèles de réponses.

Une expérience célèbre a bien montré le rôle initiateur de ces « modèles » cognitifs de réponse grâce à des compères (Schachter et Singer, 1962). Des sujets reçoivent une injection d'adrénaline mais sont placés individuellement parmi des compères (personnes jouant un rôle en fonction des consignes de l'expérimentateur). Les compères simulent soit la colère soit la gaîté. Les sujets, interrogés plus tard sur ce qu'ils ressentent, attribuent leur état physiologique à l'ambiance spécifique qu'ils viennent de rencontrer : l'émotion qu'ils ressentent est en fait celle des compères. Quoique cette expérience soit limitée par les réactions physiologiques qu'elle déclenche (seulement les effets du système nerveux sympathique), les auteurs montrent ainsi l'importance de modèles cognitifs qui modulent ou déterminent l'interprétation de ces réactions physiologiques.

Pour conclure

Le psychologue Lazarus précise l'idée que la variété des sentiments apparaît par diversification d'une émotion en fonction du contexte psychologique. Tout d'abord, l'événement est ou non pertinent pour l'individu. Conformément à des modèles appris, l'émotion est positive ou négative ; par exemple, l'araignée est souvent un objet de répulsion mais elle représente un attrait pour l'entomologiste.

Figure 5.8 – Dérivation de différentes émotions ou sentiments en fonction de significations cognitives (Lazarus, 1991 ; cit. Oatley et Jenkins, 1996)

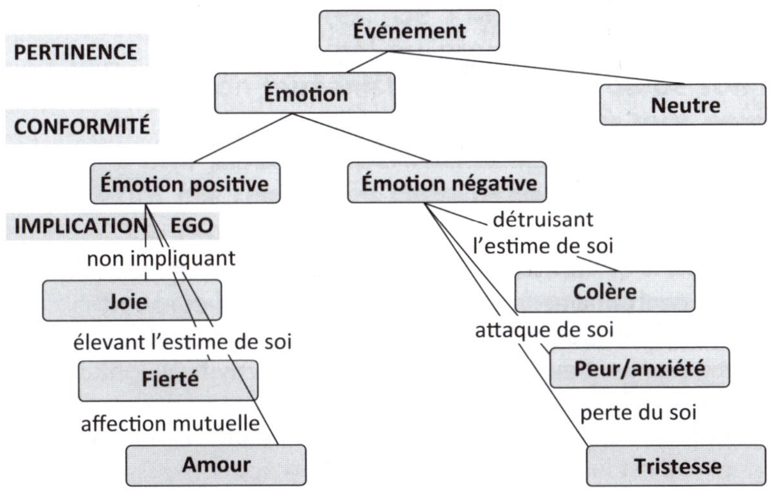

Ensuite, c'est essentiellement l'implication de l'*ego* qui permettrait de raffiner les sentiments et émotions. La joie se produisant sans implication, la fierté lorsqu'il y a augmentation de l'estime de soi ; l'amour enfin lorsqu'il y a affection partagée. À l'inverse, pour les émotions ou sentiments négatifs, la colère résulterait de la destruction de soi, la peur serait déclenchée par l'attaque de soi, et la tristesse dans la destruction de l'image de soi.

83 Qui déclenche l'autre : sentiment ou réaction physiologique ?

Les philosophes et les premiers psychologues se sont souvent posé la question de savoir qui des réactions physiologiques ou des sentiments étaient les premiers, les seconds en étant une simple conséquence.

Dans la perspective moderne, la double face de l'émotion peut s'expliquer en termes de processus parallèles. Différents centres de traitements sont alertés par une situation émouvante et déclenchent en parallèle à la fois des mécanismes végétatifs et des mécanismes cognitifs, éventuellement en interaction. Il n'est pas nécessaire de penser que c'est une catégorie qui déclenche l'autre.

Le système nerveux est composé de deux grands systèmes, le système nerveux central avec la plus grande partie du cerveau et la moelle épinière qui conduit à l'intérieur de la colonne vertébrale les informations par les nerfs aux muscles : c'est l'activité volontaire, marcher, courir... Le deuxième système, appelé autonome car il est peu ou non contrôlé volontairement, dirige notre vie végétative et émotionnelle. Il est lui-même composé de deux voies, le système sympathique (ou orthosympathique) et le système parasympathique. Les physiologistes ont tout d'abord cru que les systèmes sympathique et parasympathique étaient antagonistes (*para*, comme dans « paratonnerre » ou « parachute », veut dire « contre »). Mais les recherches récentes montrent qu'ils sont relativement indépendants et ont leur spécificité propre. Le parasympathique sert principalement aux fonctions végétatives, par exemple la digestion (salivation, sécrétions gastro-intestinales...). Alors que le sympathique agirait plutôt comme régulateur, par exemple de maintien contre le froid, et serait actif dans les « circonstances critiques », exercice violent, peur, colère, etc., ce qui est actuellement appelé « stress ». Le système sympathique agit par l'intermédiaire des nerfs passant par la moelle épinière et libère au niveau de leurs terminaisons des neurotransmetteurs, notamment l'adrénaline qui fait battre le cœur (cf. certaines drogues du dopage sportif). Cet axe sympathique libère les réserves énergétiques du foie, augmente le rythme cardiaque et dilate les vaisseaux, pour préparer en quelques secondes les muscles à l'action, dans la colère ou la peur, mais aussi dans l'acte sexuel.

Mais il existe un autre axe de commande, appelé « corticotrope ». Plus lent car hormonal (Mormède, 1989), il lui faut un quart d'heure pour se mobiliser car les hormones voyagent dans le sang plus lentement que la vitesse de l'influx nerveux. Cela commence dans le cerveau végétatif (hypothalamus) pour aboutir, à la suite d'une cascade de sécrétions, aux hormones des cortico-surrénales (glandes au-dessus des reins), les cortico-stéroïdes, qui sont les hormones du stress.

Figure 5.9 – Les pics de concentration des différentes molécules sont atteints à des vitesses très variables de 2 à 30 minutes (d'après Bentue-Ferrer, Reymann et Allain, 1994)

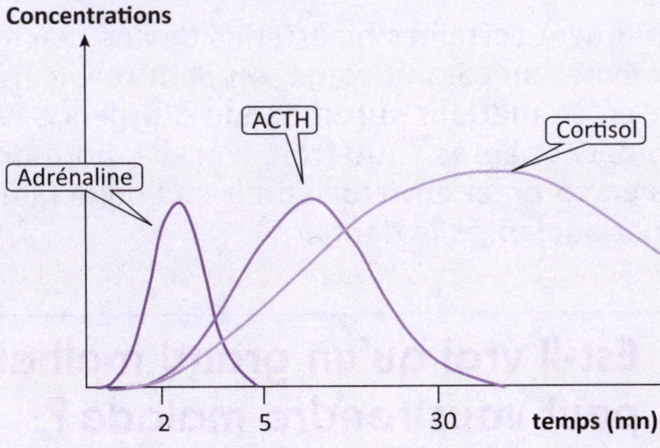

La diffusion des molécules se fait plus ou moins rapidement dans l'organisme, atteint un pic puis diminue. De même, les vitesses de

☛ diffusion expliquent différentes phases des émotions, l'adrénaline explique les palpitations cardiaques (ex. colère ou fuite) et la rapidité musculaire tandis que les réactions hormonales qui produisent les effets végétatifs de la peur (pâleur, jambes en coton, envie de vomir) et le stress sont lentes (ACTH et cortisol).

Pour conclure

Voici un excellent exemple de processus en parallèle : les réactions nerveuses sont très rapides (ex. palpitations cardiaques) tandis que les réactions hormonales sont lentes. La vitesse n'étant pas la même, les réactions n'apparaissent pas dans le même ordre : les hormones voyagent moins vite que l'influx nerveux : il faut un quart d'heure pour que les hormones voyagent dans les vaisseaux sanguins alors que la vitesse de l'influx nerveux est en moyenne de 50 mètres par seconde, 5 fois plus vite que les sprinters du 100 mètres (un peu moins de 10 secondes pour 100 mètres, soit 10 mètres par seconde).

Ainsi s'expliquent certaines bizarreries de nos réactions émotives. Pour éviter un carambolage, on peut réagir très vite en freinant et en se mettant sur la bande d'urgence (voies nerveuses rapides) et après coup (rôle lent des hormones) avoir les jambes en coton et envie de vomir… D'où le fameux choc post-traumatique après le danger…

84 Est-il vrai qu'un grand malheur peut vous rendre malade ?

Le mot « stress » a été proposé par le Canadien Hans Selye pour désigner les réactions d'adaptation de l'organisme face à des événements désagréables. Ces réactions produisent des modifications nerveuses et hormonales très intenses aboutissant notamment à la sécrétion d'hormones cortico-stéroïdes (hydrocortisone) par les glandes surrénales (placées au-dessus des reins). Ces hormones cortico-stéroïdes libèrent de l'énergie, du glucose, à partir des muscles, des os et du tissu lymphoïde des os qui fabrique les défenses immunitaires. Si bien que le stress aboutit à un cortège de maladies variées, de la fonte musculaire ou osseuse à la baisse du système immunitaire… Le système du stress est un système normal mais qui en cas d'excès ou de répétition des alertes ou des émotions chroniques, devient un système d'urgence et de dernière chance, car il détériore l'organisme.

Ainsi a-t-on montré, chez le rat, que le stress amène une atrophie de l'hippocampe par la lésion de certains neurones spécifiques qui servent à enregistrer à long terme. D'autres chercheurs ont montré les mêmes effets chez des militaires en fonction de la durée de leur vie au combat.

Figure 5.10 – Atrophie de l'hippocampe en fonction du stress (mois de combat, simplifié d'après Bremner *et al.*, 1995)

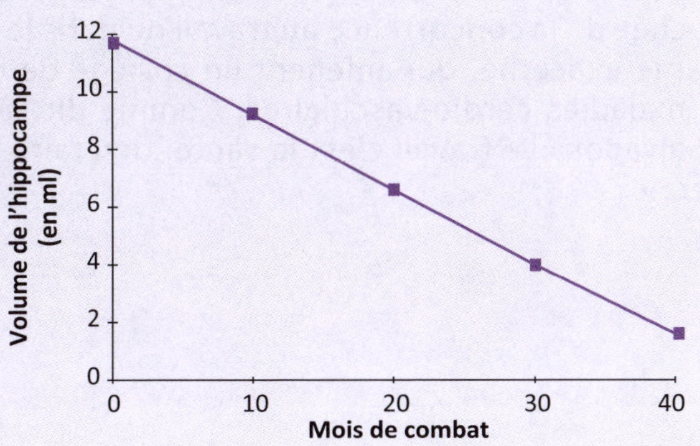

Pour conclure

Ces faits confirment l'observation populaire qu'un grand malheur rend malade voire cause la mort, par exemple la perte d'un conjoint. Les études médicales ont ainsi abouti à une échelle du stress, dont voici quelques exemples :

Tableau 5.4 – Exemples de l'échelle du stress dans une enquête américaine (d'après Dixon, 1989)

Échelle du stress	
Décès du conjoint	1er
Divorce	2e
Maladie ou accident grave	7e
Perte d'emploi	9e
Disputes avec un conjoint	16e
Mort d'un ami proche	17e
Départ d'un enfant	22e
Ennui avec un supérieur au travail	26e
Vacances	41e

On peut donc prévoir que le stress, au travail ou à l'école, et même dans certaines activités en principe « ludiques » comme le sport, peut être dangereux. Plusieurs reportages montrent la face cachée de la concurrence au travail ou dans le sport, ou de l'élitisme exacerbé, qui amènent un cortège de maladies, dont les maladies cardio-vasculaires. Comme dit la chanson d'Henri Salvador « Le travail c'est la santé, rien faire… c'est la conserver ! »

85 « Le cœur a ses raisons que la raison ignore… »

« Le cœur a ses raisons que la raison ne connaît point. » Cette célèbre formule de Pascal a donné l'impression à des générations que raison et émotion étaient indépendantes et que l'idéal de l'homme intelligent serait celui d'un individu froid, dénué d'émotions.

Mais l'observation de cas cliniques par les neurologues Antonio et Hanna Damasio (Damasio, 1995) montre leur interaction, ce qui va dans le sens des théories cognitives. Le point de départ de la théorie de Damasio est l'observation d'un jeune homme, « Elliot », qui à la suite d'une lésion dans le cortex frontal ne ressentait aucune émotion, était froid et détaché même si on lui posait des questions personnelles. Alors que son intelligence apparaissait normale dans des tests et parfaitement au courant de l'actualité, sa vie était un désastre, faillite et divorce, à cause de ses mauvais choix et de ses réactions.

Or, cette observation clinique rappela un célèbre cas répertorié en neurologie, le cas Phinéas Gage. Travaillant à la construction d'une voie ferrée, une barre de mine de 1,80 m lui transperça le crâne en 1848. Il guérit de ce terrible accident, mais devint d'une extrême grossièreté, perdant tout sens de la morale. La reconstruction en imagerie cérébrale de son cerveau, à partir de son crâne conservé, révéla que la lésion occupait à peu près la même région frontale que chez Elliot, la région ventrale et médiane du cortex frontal.

Pour conclure

Damasio en conclut que cette zone du cortex frontal intègre les valeurs émotionnelles aux connaissances et permet la prise de risque, la responsabilité, ce qui rejoint le *superego* de Freud et les valeurs des apprentissages sociaux.

86 J.F. autoritaire cherche J.H. timide… Qu'est-ce que la personnalité ?

La personnalité dans son sens le plus général désigne l'ensemble de toutes les caractéristiques de l'individu : sensori-motrices, par exemple les aptitudes sportives ou artistiques ; cognitives : les aptitudes ou intérêts intellectuels ; émotives : tempérament anxieux (peureux) ou colérique…, et enfin les attitudes sociales et les valeurs qui dépendent de la société. Dans un sens plus restrictif, la personnalité ne décrit que les aspects affectifs (motivations et émotions) et sociaux, c'est le tempérament ou caractère, avec l'idée que les individus ont une façon assez stable de se comporter dans les situations sociales.

Tenter d'expliquer la personnalité (ou caractère) date de l'Antiquité. Ainsi le caractère chez le médecin grec Hippocrate (ve siècle avant notre ère) et repris par Galien (médecin grec du iie siècle de notre ère), est produit par une prédominance d'une des quatre humeurs fondamentales, le sang, la bile, la pituite (ce qui coule du nez) ou phlegme et l'atrabile ou bile noire. Ces quatre humeurs donnent les caractères sanguin, colérique, flegmatique et mélancolique, encore présents dans le vocabulaire, « être de mauvaise humeur », « se faire du mauvais sang », ou avoir un « caractère bilieux »...

Gentil, méchant, sympa, froid, altruiste, borné, bohème... Face à l'extrême diversité des mots désignant le caractère, les chercheurs contemporains procèdent comme dans un jeu de sept familles, et essaient de faire des regroupements de mots qui veulent dire la même chose, gentil, sympa... Techniquement, une analyse statistique très utilisée s'appelle l'analyse factorielle, et les familles qu'elle identifie s'appellent les facteurs de la personnalité. Ce courant s'appuie sur une méthode des années trente (Allport), basée sur l'idée que les multiples facettes de notre personnalité sont bien représentées dans un vocabulaire édifié au cours des siècles : gentil, sérieux, sentimental, agressif... En enlevant les synonymes et les états instables ou vagues, quelques centaines de mots sont conservés (environ 400), à partir desquels, des questionnaires sont construits, par exemple :

– Je m'éveille d'un rêve à l'autre (pour le trait « fantaisie »)

– Parfois, je me suis senti comme si je venais d'ailleurs (dépression)

– Je suis quelqu'un de très sensible (sentimental)

– Je suis quelqu'un d'ouvert (chaleureux)

Afin de se préserver contre la subjectivité (et la non-sincérité) des sujets, les questionnaires sont également remplis par des camarades pour vérifier si les individus répondent assez objectivement.

Dans ces recherches, où les Américains Costa et Mc Crae ont été les pionniers, cinq grands facteurs ont été trouvés : extraversion ou bouillonnant (facteur I), agréable (facteur II), consciencieux (III), stabilité émotionnelle (IV) et ouverture d'esprit (V). À l'opposé (facteur négatif), le facteur désigne le caractère inverse, par exemple le névrosisme opposé à la stabilité émotionnelle, l'introversion opposée à l'extraversion. Voici des exemples d'adjectifs du vocabulaire courant correspondant à ces facteurs.

Tableau 5.5 – Le « jeu de 7 familles » de la personnalité : les cinq grands facteurs de la personnalité et les principaux adjectifs qui leur correspondent (synthèse d'après John, 1990, cit. Huteau, 2006 ; Johnson, 1994, Borkenau et Ostendorf, 1989, cit. Lieury, 2008)

Caractère	Pôle positif		Pôle négatif
Extraverti	Extraverti Chaleureux Social	Actif Bavard Assuré	Introverti Tranquille Réservé
Agréable	Agréable Sympathique Gentil Apprécié Digne de confiance	Loyal Altruiste Modeste Tendre	Désagréable Suspicieux Froid Inamical
Consciencieux	Consciencieux Organisé Minutieux Efficace	Compétent Ordonné Discipliné	Bohême Insouciant Désordonné Irresponsable
Stabilité émotionnelle	Stable Calme Contrôlé		Instable émotionnel Émotionnel Anxieux Colérique Dépressif Tendu Nerveux Irritable Sujet au stress Plaintes somatiques
Ouverture	Ouvert Intérêts larges Imaginatif Original	Fantaisiste Esthète Sentimental Idéaliste	Banal Intérêts étroits Borné

Pour conclure

Comme dans les théories modernes de la personnalité, ces cinq grands facteurs de la personnalité sont conçus comme des dimensions avec un pôle positif et un pôle opposé négatif, l'individu pouvant se situer plus ou moins loin le long de cette dimension. Par exemple, le facteur IV est la stabilité émotionnelle lorsqu'il est positif et correspond au névrosisme (= instable émotionnellement et très anxieux) pour les individus qui ont un caractère opposé (facteur IV–). Un individu peut ainsi être très anxieux, modérément anxieux ou très peu anxieux... Dans les tests, on compte une note sur dix. La plupart des personnes ont 5/10, c'est-à-dire qu'elles sont modérément stables et émotives. Le facteur I d'extraversion (ou bouillonnant) avait déjà été découvert par le psychiatre anglais Hans Eysenck, qui s'était inspiré d'un psychanalyste, pourtant rejeté par Freud, Carl Jung. Mais chez ce dernier, les extravertis et les introvertis correspondaient à des types purs : l'extraverti typique étant sociable, insouciant, non inhibé, tandis que l'introverti typique est tranquille, réservé et préfère l'intimité. De même, Eysenck avait trouvé, dans ses analyses en milieu psychiatrique, un facteur de névrosisme ou d'instabilité émotionnelle très corrélé avec l'anxiété, l'irritabilité, la tendance à avoir des symptômes somatiques. Un mécanisme neurobiologique de ce trait psychologique pourrait bien être un dysfonctionnement ou une insuffisance des mécanismes du neurotransmetteur gaba (acide gamma-amino-butyrique), qui est très abondant chez les vertébrés (45 % des synapses du cerveau seraient de ce type) car ce neurotransmetteur est un calmant naturel. D'ailleurs, les tranquillisants ou hypnotiques, comme les benzodiazepines (ex. Valium), stimulent la production de ce neurotransmetteur.

87 Sentimental, chaleureux, discipliné... comment expliquer la variété des facettes de la personnalité ?

Historiquement, les littéraires comme les psychologues ont commencé par décrire des types, c'est-à-dire des profils très caractérisés de personnalité, l'avare chez Molière, le jaloux chez Shakespeare, le paranoïaque ou l'hystérique du psychiatre ou du psychanalyste. Cependant, dans les recherches contemporaines, il apparaît que les jaloux ou les avares parfaits sont rares et que les individus ont une pluralité de facettes, qu'on tente de différencier par l'analyse factorielle, le «jeu de sept familles» des chercheurs (fiche précédente).

Mais qu'il n'y ait que cinq grandes composantes de notre personnalité ne signifie pas que les caractères soient simples. Rappelez-vous (chapitre 3, «La perception») que nous voyons toutes les couleurs alors que nous n'avons que trois récepteurs, rouge, bleu et vert. Car certaines facettes de notre personnalité correspondent parfois à des facteurs purs mais le plus souvent à des combinaisons de facteurs. Par exemple, l'anxiété, tempérament très fréquent dans la pathologie et les états limites, correspond au facteur pur car il est fortement corrélé statistiquement avec le facteur d'instabilité émotionnelle (ou névrosisme). De même, esthète ou idéaliste correspond de façon pure au facteur d'ouverture d'esprit (V). Mais d'autres traits de caractère apparaissent comme des combinaisons : être chaleureux, tendre ou altruiste, par exemple, serait être à la fois extraverti et agréable, les individus aimant l'ordre seraient consciencieux (III+) et peu ouverts, peu créatifs (V–)...

Figure 5.11 – Représentation schématique des 5 grands facteurs et de leurs interactions (Lieury, 2004)

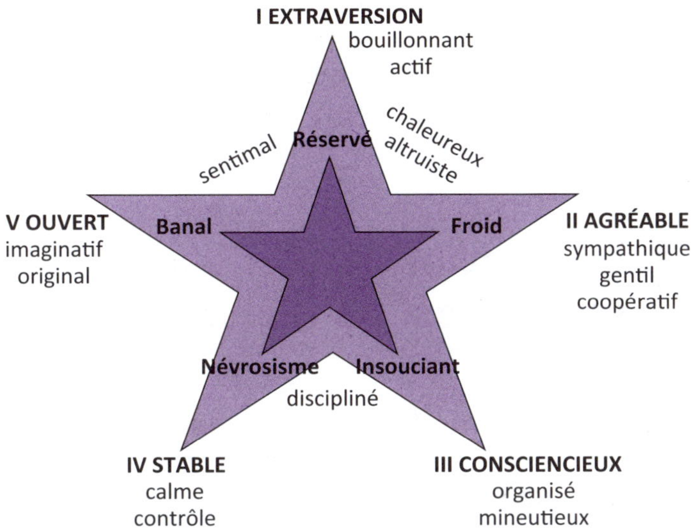

Chaque facteur a un pôle positif (grande étoile claire) ou négatif ; chaque facteur (positif ou négatif) peut se combiner pour donner d'autres traits de caractère.

Une représentation schématique des cinq grands facteurs, sous forme d'une étoile, permet à la fois de représenter quelques facettes pures de la personnalité et d'autres qui correspondent à un mixage de deux facteurs. L'étoile extérieure (gris clair) représente le pôle positif des facteurs et l'étoile intérieure (gris foncé) représente les pôles négatifs. La symbolique du schéma sous forme d'étoile est naturellement arbitraire, j'aurai pu choisir le pentagone, mais y a-t-il meilleure étoile pour pronostiquer la personnalité qu'un thème astral ?

On imagine le nombre de combinaisons que ce modèle permet de produire, ce qui illustre la variété extrême de notre personnalité. Ainsi, chaque trait de caractère est noté de 1 à 10 dans les tests. Tel artiste, par exemple, pourrait être extraverti (7/10), à moitié agréable (5/10), bohème (8/10), très émotif (7/10) et très imaginatif (9/10). Tel homme politique pourrait être introverti (3/10 en extraversion), antipathique (2/10 pour le caractère agréable), très ordonné (8/10), peu émotif (10/10) et peu ouvert (4/10). Chaque trait pouvant être gradué de 1 à 10, cela représente 100 000 combinaisons (10 x 10 x 10 x 10 x 10), bien plus que les thèmes astraux de votre voyante favorite !!!

88 La graphologie est-elle un bon test de recrutement ?

Au pays de Proust et de Colette, la graphologie est reine, un peu moins au pays de la bande dessinée, quant au pays du cinéma hollywoodien, la lecture du caractère dans l'écriture n'a guère de succès.

Voici quelques exemples des pays utilisateurs de la graphologie dans le recrutement du personnel, d'après une synthèse très documentée réalisée par Michel Huteau, spécialiste français de la personnalité :

Tableau 5.6 – Usage de la graphologie dans le monde (synthèse d'après différentes sources citées par Huteau, 2004, p. 30-33)

Pays	Effectifs du sondage	% utilisant la graphologie
France	42 grandes entreprises et 60 cabinets	93 %
Suisse	800 responsables du personnel	41 à 77 %
Belgique	64 entreprises et 25 cabinets	36 %
Israël	Tous les responsables du personnel du pays	25 %
Angleterre	158 entreprises	3 %
Hollande	744 entreprises	3 %
Norvège	61 entreprises	3 %
États-Unis	Enquête de 1980 Enquête de 1997	2,8 % rare
Allemagne	88 entreprises	2 %

Comme Huteau le note (2004, p. 32), l'usage de la graphologie est freiné aux États-Unis du fait d'une législation qui oblige à faire la preuve de l'efficacité d'une méthode (ce qui est appelé «validité empirique» en psychométrie).

Or les recherches, depuis le début du XXe siècle, se sont accumulées pour démontrer que la graphologie prédit au hasard (corrélation de 0) l'adaptation au travail : en voici une synthèse faite par des chercheurs américains sur un grand nombre d'études. Aurait-on l'idée de recruter un médecin sur la base de son écriture ?

Tableau 5.7 – Validité des méthodes de recrutement (adapté d'après Robertson et Smith, 1989 ; cit. Huteau, 2004)

Méthodes	Corrélation
Échantillon de travail Tests d'aptitude	.38 à .54 .53
Évaluation par les pairs et supérieurs Tests d'intelligence générale	.43 .25 à .45
Références Entretien Questionnaire de personnalité Autoévaluation	.17 à .26 .14 à .23 .15 .15
Graphologie	.00

Notons au passage que les questionnaires de personnalité et d'intérêt ne prédisent pas mieux (une corrélation inférieure à .25 est négligeable) l'adéquation du profil d'une personne à un emploi. Ce sont essentiellement les aptitudes intellectuelles qui prédisent le mieux la réussite dans un emploi.

Qu'importe qu'un architecte ou un ingénieur soit timide ou extraverti, s'il est génial dans son art. D'ailleurs on est souvent déçu en lisant les biographies de célébrités dont le caractère au quotidien n'apparaît pas à la hauteur des productions artistiques !!!

89 Peut-on lire votre caractère dans votre écriture ?

Dis-moi comment tu écris et je te dirai qui tu es !!! L'écriture ne prédit pas la réussite au travail mais peut-être que l'écriture révélerait simplement le caractère ? Comme l'analyse bien Michel Huteau, les relations entre graphisme et caractère ne sont pas établies scientifiquement par les graphologues mais sont symboliques et analogiques. Huteau relève ainsi dans le manuel de graphologie de Jacqueline Peugeot des analogies purement intuitives entre la qualité perçue de l'écriture et le caractère :

Tableau 5.8 – Exemples de correspondances analogiques entre écriture et caractère (d'après J. Peugeot ; cit. Huteau, 2004, p. 117)

Écriture	Caractère
Écriture veloutée	« affectivité ouverte... sensibilité »
Écriture fine	« discrétion... attitude d'accueil... prudence... »
Trait flou	« image d'une personnalité incertaine »
Écriture emportée	« passion... excès... »
etc.	

Dans ce type de présentation, le caractère correspond sémantiquement au qualificatif attribué de l'écriture. Si l'écriture est fine, la personne est discrète, l'écriture est emportée et le caractère l'est aussi... C'est un pur jeu de synonymes.

Cependant, dès 1919, des recherches ont été conduites pour examiner la relation entre l'écriture et le caractère. Dans l'étude de Hull et Montgomery (1919, cit. Huteau, 2004, p. 175), qui selon Huteau a beaucoup contribué à discréditer la graphologie, une série de traits de caractère est corrélée avec dix aspects de l'écriture, la corrélation moyenne est nulle (– .16). Les mêmes résultats se sont accumulés dans différentes recherches jusqu'à nos jours. Ainsi, dans une synthèse de Dean ne retenant que les études satisfaisant à certains critères (calcul d'une corrélation ; contenu neutre de la lettre), la corrélation moyenne sur 11 études est encore nulle (.08, Dean, 1992, cit. Huteau, p. 183).

L'écriture n'indique rien des processus supérieurs, ni l'intelligence, ni le caractère… Par la naïveté de ses principes, la graphologie ne révèle que le manque de formation scientifique de ceux qui l'emploient. Huteau note (p. 25) que la durée totale de la formation d'un graphologue est de 180 heures, contre 2 500 environ pour la formation d'un psychologue à l'université (Master professionnel = bac + 5).

90 Les signes du zodiaque peuvent-ils prédire votre caractère ?

Si, selon un sondage[1], peu de gens croient que les astres déterminent notre avenir (29 % des personnes interrogées y croient contre 68 % qui n'y croient pas), en revanche, près de la moitié des personnes interrogées (46 %) pensent que les caractères s'expliquent par les signes astrologiques (contre 49 %), et 58 % pensent que l'astrologie est une science !!!

Quels astres prédisent le caractère ? Bien peu, puisque parmi les milliards d'objets célestes, galaxies, quasars, nébuleuses, trous noirs, etc., ce ne sont que les douze constellations du zodiaque (éventuellement quelques planètes et la Lune chez les astrologues professionnels) qui influenceraient le carac-

1. Sofres pour *Figaro -Magazine*, 1993.

tère. Pourquoi ces constellations et pourquoi pas la grande Ourse, la petite Ourse, Cassiopée et le Dragon, qui dans notre hémisphère sont toujours au-dessus de notre tête quelles que soient les saisons et l'heure?

Les astronomes égyptiens avaient découvert l'écliptique, ou cercle apparent de la course du Soleil dans le ciel au cours de l'année. Douze constellations se trouvent sur cet écliptique, les fameux signes du zodiaque. D'ailleurs, les astronomes notent qu'il y en a en réalité treize, la 13e étant Ophiucus, ce que les astrologues ne prennent toujours pas en compte (Broch, 2005). Les constellations du zodiaque se trouvent situées à hauteur de l'équateur et par conséquent sont peu visibles dès qu'on monte vers le pôle Nord[1]. Si le Scorpion est très visible dans les pays méditerranéens (la Mésopotamie, d'où viennent les astrologues, est l'actuel Irak) comme en Grèce et assez visible dans le Sud de la France, cette constellation est quasiment invisible au-dessus de la Loire pour peu qu'il y ait des immeubles ou des arbres à l'horizon. Quelle influence pourraient avoir de telles constellations?

En fait, ces formes, approximatives (la Grande Ourse ressemble plus à une casserole) n'existent que vues de la Terre car les étoiles d'une constellation sont parfois fort éloignées les unes des autres. Ainsi pour reprendre l'exemple de la constellation du Scorpion, Alpha (Antarès) est à 520 années-lumière tandis que l'étoile Bêta est à 600 années-lumière et l'étoile Nu (= lettre grecque) est à 400 années-lumière. Par comparaison, cent années lumière, c'est dix millions de fois plus loin que la distance Terre-Soleil. Vues d'un vaisseau spatial venant d'une autre direction, nos constellations n'existeraient plus…

1. Merci à Jean-Noël Conan, ancien navigateur et professeur de navigation maritime, pour son cours d'astronomie à l'École marchande de Saint-Malo.

À ceux qui ne sont pas sensibles aux arguments astronomiques, la méthode psychologique des jumeaux est plus spécifique. Par définition, les jumeaux sont des enfants nés à la même date, donc sous le même signe zodiacal, les vrais jumeaux (monozygotes : de *zugos* qui signifie joint) mais aussi les faux jumeaux (dizygotes). Et pourtant, les vrais jumeaux se ressemblent parfaitement sur le plan biologique, très fortement pour l'intelligence alors que les faux jumeaux ne se ressemblent pas plus (en moyenne) que de simples frères et sœurs nés, eux, sous des signes différents.

Sur le plan du caractère, des études, portant parfois sur des milliers de paires de jumeaux, ont établi la ressemblance (corrélations) des deux jumeaux entre eux, pour les cinq grands facteurs du caractère.

Tableau 5.9 – Corrélations entre vrais et faux jumeaux pour les cinq grands facteurs de personnalité (d'après Plomin *et al.*, 1990 ; cit. Huteau, 2006)

	Jumeaux monozygotes	Jumeaux dizygotes
Extraversion	.51	.18
Névrosisme	.48	.20
Ouverture	.51	.14
Conscience	.41	.23
Caractère agréable	.47	.11

Les résultats montrent que les vrais jumeaux se ressemblent (.50 environ) et que les faux jumeaux ne se ressemblent pas (les corrélations en dessous de .25 sont négligeables). Quoique nés sous les mêmes astres, les faux jumeaux n'ont pas du tout (en moyenne) le même caractère !!!

Pour conclure

Pour éviter que l'humanité ne retombe dans ces croyances, les astronomes du XIXe siècle ont donné quelques noms d'objets aux constellations de l'hémisphère Sud, comme la Croix du Sud, la Balance, l'Octant, la Boussole... C'était sans compter sur la force de l'irrationalité humaine ; ainsi les natifs de l'Île de la Réunion (territoire français près de Madagascar), qui sont nés sous le Toucan ou la Croix du Sud, vont quand même regarder leur horoscope dans les magazines de la métropole d'après leur date de naissance.

En conclusion, sur le plan astronomique, rien ne permet d'établir une quelconque relation entre les constellations du zodiaque et le caractère. Ce ne sont pas les étoiles qui déterminent la personnalité mais l'hérédité et l'éducation.

Pour en savoir plus

1. Qu'est-ce que l'intelligence ?

La multiplicité des aptitudes intellectuelles

BERNAUD J.-L. (2009). *Tests et théories de l'intelligence*, Dunod, « Les Topos », 2e éd.

HUTEAU M. et LAUTREY J. (1997). *Les tests d'intelligence*, La Découverte.

Test PMA de Thurstone. Manuel d'application, Paris, Centre de psychologie appliquée, 1964.

2. Mon poisson rouge est-il intelligent ?

Intelligence animale et évolution du cerveau

BITTERMAN M.E. (1965). « The evolution of intelligence », *Scientific American.*

DE LUMLEY H. (2007). *La grande histoire des premiers hommes européens*, Paris, Odile Jacob.

JERISON H. (2001). « On theory in comparative psychology », dans R.J. STERNBERG et J.-C. KAUFMAN (eds.), *The evolution of intelligence*, Mahwah, NJ, Lawrence Erlbaum Associate.

3. Le langage est-il l'apanage de l'homme ?

L'apprentissage d'un langage chez les anthropoïdes

GARDNER A et GARDNER B (1969). « Teaching sign language to a chimpanzee », *Science*, *165*, 664-672.

LAWICK-GOODALL J. (1971). *Les chimpanzés et moi*, Paris, Stock, éd. américaine originale, 1970.

PREMACK A.J. et PREMACK D. (1972). «Teaching language to an ape», *Scientific American.*

SAVAGE-RUMBAUGH (1993). *Kanzi, le singe aux mille mots*, production vidéo, NHK.

4. Combien de mots connaissons-nous ?

Intelligence et vocabulaire

FLORIN A. (1999). *Le développement du langage*, Paris, Dunod.

LIEURY A. (2012). *Mémoire et réussite scolaire*, Paris, Dunod, 4e éd.

NAGY W.E. et ANDERSON R.C. (1984). «How many words are there in printed school English?», *Reading Research Quaterly*, *19*, 304-330.

5. Les forts en thème sont-ils nuls en sport ?

Mesure de l'intelligence et coefficients de corrélation

BERNAUD J.-L. (2009). *Tests et théories de l'intelligence*, Dunod, «Les Topos», 2e éd.

HUTEAU M. et LAUTREY J. (1997). *Les Tests d'intelligence*, La Découverte.

LIEURY A., VAN ACKER P. et DURAND P. (1995). «Mémoire encyclopédique et réussite en 3e et au Brevet des collèges», *Psychologie & Psychométrie*, *16*, 35-59.

6. Votre intelligence se lit-elle dans votre écriture ?

Graphologie et intelligence

50 millions de consommateurs, novembre 1989.

BERNAUD J.-L. (2009). *Tests et théories de l'intelligence*, Dunod, «Les Topos», 2e éd.

BINET A. (1904). «La graphologie et ses révélations sur le sexe, l'âge et l'intelligence», *L'Année psychologique*, *9*, 179-210.

HUTEAU M. (2004). *Écriture et personnalité: approche critique de la graphologie*, Dunod.

7. D'où vient l'expression « avoir la bosse des maths » ? Mesure du crâne et intelligence

BINET A. (1900). « Recherches sur la technique de la mensuration de la tête vivante », *L'Année psychologique*, *7*, 314-429.

LIEURY A. (2011). *Psychologie cognitive*, Dunod, coll. « Manuels visuels de Licence », 2e éd.

8. Pourquoi a-t-on inventé les tests d'intelligence ? Mesure de l'intelligence et tests psychométriques

BERNAUD J.-L. (2009). *Tests et théories de l'intelligence*, Dunod, « Les Topos », 2e éd.

BINET A. et SIMON T. (1908). « Le développement de l'intelligence chez les enfants », *L'Année psychologique*, *14*, 1-94.

HUTEAU M. et LAUTREY J. (1997). *Les tests d'intelligence*, La Découverte.

9. Qu'est-ce que le QI ? Mesure du niveau intellectuel et réussite scolaire ou professionnelle

BERNAUD J.-L. (2009). *Tests et théories de l'intelligence*, Dunod, « Les Topos », 2e éd.

CESSELIN F. (1959). *Comment évaluer le niveau intellectuel : adaptation française du test Terman-Merrill*, Paris, Armand Colin.

HUTEAU M. (2004). *Écriture et personnalité : approche critique de la graphologie*, Dunod.

HUTEAU M. et LAUTREY J. (1997). *Les tests d'intelligence*, La Découverte.

10. Votre enfant est-il surdoué… et faut-il le mettre à part ? Test d'intelligence et précocité

INED-INETOP (1978). *Enquête nationale sur le niveau intellectuel des enfants d'âge scolaire*, cahier n° 83, PUF.

SWIATEK M.A. et PERSSON BENBOW C. (1991). «Ten-year longitudinal follow-up if ability-matched accelerated and non-accelerated gifted students», *Journal of Educational Psychology*, 528-538.

11. Que valent les tests des magazines ?

Tests et prédiction de l'intelligence

WECHSLER D. (1961). *La mesure de l'intelligence de l'adulte*, Paris, PUF.

12. Sommes-nous vraiment logiques ?

De l'illogisme naturel aux méthodes scientifiques

BROGNIART D. (2005). «Les plus grands secrets de la magie... enfin révélés», émission télévisée, M6, Les productions du Labrador, octobre.

CHARPAK G. et BROCH H. (2002). *Devenez sorciers, devenez savants*, Paris, Odile Jacob.

PIAGET J. et INHELDER B. (1963). «Les opérations intellectuelles et leur développement», dans P. FRAISSE et J. PIAGET, *Traité de psychologie expérimentale*, tome VII, Paris, PUF.

13. Quoi de neuf dans les tests ?

LIEURY A (2011). *Psychologie cognitive*, Dunod, coll. «Manuels visuels», 2e éd.

WISC-IV (2005). *Échelle d'intelligence de Wechsler pour enfants*, Paris, ECPA, 4e éd.

14. L'intelligence est-elle héréditaire ?

Impact du patrimoine génétique sur l'intelligence

BOUCHARD T.J. et MC GUE M. (1981). «Familial studies of intelligence : A review», *Science*, *212*, 1055-1059.

15. Pourquoi Einstein était-il un génie ?

CARDOSO S.H. (1997). « Why Einstein was a genius? », *Brain and Mind Magazine*, State University of Campinas.

DEHAENE S. (2003). *La bosse des maths*, Paris, Odile Jacob poches, 1re édition 1997.

TESTARD-VAILLANT P. (2007). « Cerveau d'Einstein », *Science & Vie*, *1080*, 107-114.

WITELSON S.F., KIGAR D.L. et HARVEY T. (1999). « The exceptional brain of Albert Einstein », *Lancet*, *353*, 2149-2153.

16. Les jumeaux ont-ils la même intelligence ?

Intelligence et degré de parenté

BOUCHARD T.J. et MC GUE M. (1981). « Familial studies of intelligence: A review », *Science*, *212*, 1055-1059.

WILSON R.S. (1983). « The Louisville twin study: Developmental synchronies in behavior », *Child Development*, *54*, 298-316.

17. Où se trouve le gène de l'intelligence ?

Anomalies génétiques et déficiences mentales

DICK D.M., ALIEV F., KRAMER J., WANG J.-C., HINRICHS A., BERTELSEN S., KUPERMAN S., SCHUCKIT M. et AL. (2007). « Association of CHRM2 with IQ: Converging evidence for a gene influencing intelligence », *Behavior Genetics*, *37* (2), 265-272.

LAI C., FISHER S. E, HURST J. A, VARGHA-KHADEM F. et MONACO A.P. (2001). « A forkhead-domain gene is mutated in a severe speech and language disorder », *Nature*, *413* (6855), 519-523.

SINET P.M., LAMOUR Y. et CHRISTEN Y. (1988). *Genetics and Alzheimer's Disease*, Berlin, New York, Springer-Verlag.

18. L'homme préhistorique était-il intelligent ? Environnement culturel et développement de l'intelligence

AROLES S. (2007). *L'Énigme des enfants-loups : Une certitude biologique mais un déni d'archives 1304-1954*, Paris, Publibook.

FLIELLER A. (1999). « Comparison of the development of formal thought in adolescent cohorts aged 10 to 15 years (1967-1996 and 1972-1993) », *Developmental Psychology*, *35*, 1048-1058.

SKEELS H.M. (1966). « Adult statuts of children with contrasting early life experience, monographies of social research », *Child Development*, *31*, 105.

19. Faut-il faire faire de la gymnastique à son cerveau ? Stimulation et développement cérébral

BLAKEMORE C. (1978). « Environmental constraints on development in the visual system », dans HINDE R.A., *Constraints on Learning*, New York, Academic Press.

ROSENZWEIG M.R. (1976). *Biologie de la mémoire*, Paris, PUF.

20. Stimulez vos neurones... oui, mais lesquels ? Les programmes d'entraînement cérébral sont-ils efficaces ?

LIEURY A. (2010). *Doper son cerveau : Réalité ou intox ?*, Paris, Dunod.

LOARER E., CHARTIER D., HUTEAU M. et LAUTREY J. (1995). *Peut-on éduquer l'intelligence ?*, Bern, Peter Lang.

LORANT-ROYER S., SPIESS V., GONCALVEZ J. et LIEURY A. (2008). « Programmes d'entraînement cérébral et performances cognitives : Efficacité, motivation... ou marketing ? De la Gym Cerveau au programme du Dr Kawashima », *Bulletin de Psychologie*.

WISC-IV (2005). *Échelle d'intelligence de Wechsler pour enfants*, Paris, ECPA, 4e éd.

21. Les jeunes d'aujourd'hui sont-ils plus bêtes… ou plus intelligents ? L'effet Flynn

FLYNN J.R. (1987). « Massive IQ gains in 14 nations : What IQ tests really measure », *Psychological Bulletin*, *101*, 171-191.

GREENFIELD P.M. (1998). « The cultural evolution of IQ », dans U. NEISSER (ed.), *The Rising Curve : Long Term Gains in IQ and Related Measures*, Washington D.C., American Psychological Association.

22. Le contenu de votre assiette fera-t-il de vous un prix Nobel ? Nutrition et fonctionnement du cerveau

LEVITSKY D.A. et STRUPP B.J. (1995). « Malnutrition and the brain : Changing concepts, changing concerns », *The Journal of Nutrition*, supplement, *125*, 2212-2220.

POLLITT E., GORMAN K.S., ENGLE P.L., RIVERA J.A. et MARTORELL R. (1995). « Nutrition in early life and the fulfillment or intellectual potential », *The Journal of Nutrition*, supplément, *127*, 1111-1118.

23. Souvenirs, souvenirs… Premiers souvenirs et souvenirs d'enfance

HENRI V. et C. (1896). « Enquête sur les premiers souvenirs de l'enfance », *L'Année Psychologique*, *3*, 184-198.

LIEURY A. (2010). *La réussite scolaire expliquée aux parents*, Paris, Dunod.

WALDFOGEL S. (1948). « The frequency and affective character of childhood memories », *Psychological Monographs*, *62* (whole number 291).

24. Pourquoi se souvient-on mieux des souvenirs attachés à des émotions ? Souvenirs flashs et mémoire

BROWN R. et KULIK J. (1977). « Flashbulbs memories », *Cognition*, *5*, 73-99.

LEDOUX J. (1994). « Emotion, memory and the brain », *Scientific American*, *270*, 34-39.

LIEURY A. (2005). *Psychologie de la mémoire : Histoire, théories et expériences*, Paris, Dunod.

25. Vos souvenirs sont-ils toujours vrais ?
Faux souvenirs et mémoire

LOFTUS E. (1997). « Les faux souvenirs », *Pour La Science*, décembre, 34-40.

LOFTUS E. et KETCHAM K. (1997). *Le Syndrome des faux souvenirs*, Paris, éditions Exergue.

26. Pourquoi faire du vélo ne s'oublie-t-il jamais ?
La mémoire procédurale et automatismes

LIEURY A. (2005). *Psychologie de la mémoire : Histoire, théories et expériences*, Paris, Dunod.

SQUIRE L.R. et ZOLA-MORGAN S. (1991). « The medial temporal lobe memory system », *Science, 253*, 1380-1386.

27. La mémoire de votre enfant est-elle meilleure que la vôtre ? Mémoire, entraînement et âge

ELBERT T., PANTEV C., WIENBRUCH C., ROCKSTROH B. *et* TAUB E. *(*1995*)*. « Increased cortical representation of the fingers of the left hand in string players », *Science, 268,* 111-114.

LIEURY A. (2012). *Mémoire et réussite scolaire*, Paris, Dunod, 4e éd.

28. Pourquoi l'alcool et le tabac sont-ils néfastes pour votre mémoire ?
Substances néfastes pour la mémoire et vieillissement

LIEURY A., RAOUL P., GANDON J.M., DECOMBE R., REYMANN J.M. et ALLAIN H. (1990). « Profil des capacités mnésiques dans les maladies de Parkinson et d'Alzheimer », *Psychologie Médicale, 22*, 12, 1210-1217.

LIEURY A., TREBON P., BOUJON C., BERNOUSSI M. et ALLAIN H. (1991). « Le vieillissement des composants de la mémoire : Analyse factorielle de 17 scores de mémoire », *L'Année Psychologique*, *91*, 169-186.

29. Alcool, tabac, drogues... pourquoi notre psychisme dépend-il à ce point de certaines substances ?

Influx nerveux et neurotransmetteurs

BARRON et COLL. (1964). « The hallucinogenic drugs », *Scientific American.*

CHANGEUX J.P. (1983). *L'Homme neuronal*, Paris, Fayard.

HAMPSON (1999). *Life Science.*

KATZ B. (1961). « How cells communicate », *Scientific American*, San Francisco.

30. « Moi, je suis un visuel !!! »

Mémoire iconique et mémoire imagée

AVERBACH E. et SPERLING G. (1961). « Short-term storage of information in vision », dans CHERRY C. (ed.), *Symposium on Information Theory*, Londres, Butterworth, p. 196-211.

BINET A. (1894). *Psychologie des grands calculateurs et joueurs d'échecs*, Paris, Librairie Hachette et Cie.

FREY P.W. et ADESMAN P. (1976). « Recall memory for visually presented chess positions », *Memory and Cognition*, *4*, 541-547.

31. Zut ! Comment s'appelle-t-il déjà ? J'ai son nom « sur le bout de la langue »

Mémoire sémantique et mémoire lexicale

BROWN R. W et MCNEILL D. (1966). « The "tip of the tongue phenomenon" », *Journal of Verbal Learning and Verbal Behavior*, *5*, 325-327.

MORTON J. (1970). « Functional model of memory », dans D. NORMAN (ed.), *Models of memory*, New York, Academic Press.

32. Pourquoi apprend-on mieux en lisant qu'en écoutant? Lecture et mémorisation

JAMET E. (1998). «L'influence des formats de présentation sur la mémorisation», *Revue de psychologie de l'éducation*, *3*, 9-35, Presses universitaires de Rennes.

LIEURY A., BADOUL D. et BELZIC A.L. (1996). «Les sept portes de la mémoire», *Revue de psychologie de l'éducation*, *1*, 9-24, Presses universitaires de Rennes.

33. Pourquoi la répétition est-elle fondamentale... bien qu'elle soit vue comme «stupide» au pays de Descartes? Répétition et apprentissages

LIEURY A. (2012). *Mémoire et réussite scolaire*, Paris, Dunod, 4e éd.

LIEURY A. et FOREST D. (1994). «La mémoire et le concept: Les épisodes de la connaissance», *Le Langage et l'homme*, *29*, *2*, 125-145.

MUNN M.L. (1956). *Traité de psychologie*, Paris, Payot.

NAGY W.E. et ANDERSON R.C. (1984). «How many words are there in printed school English», *Reading Research Quaterly*, *19*, 304-330.

34. Docteur... ai-je la maladie d'Alzheimer? Mémoire à court terme et mémoire à long terme

PETERSON L.R. et PETERSON M.J. (1959). «Short-term retention of individual verbal items», *Journal of Experimental Psychology*, 193-198.

35. Votre mémoire est-elle bien rangée? Mémoire sémantique et classification

COLLINS A.M. et QUILLIAN M.R. (1969). «Retrieval time from semantic memory», *Journal of Verbal Learning and Verbal Behavior*, *8*, 240-248.

Postal V. et Lieury A. (1998). « Organisation de la mémoire encyclopédique : Étendue et spécificité, implication dans la réussite scolaire », *Revue européenne de psychologie appliquée*, *48*, *2*, 113-126.

Rossi J.P. (2005). *Psychologie de la mémoire : De la mémoire épisodique à la mémoire sémantique*, Bruxelles, De Boeck.

36. « Je mange avec une bourchette… » ! D'où viennent les lapsus ?

Mémoire lexicale et classement phonétique

Freud S. (1901). *Psychopathologie de la vie quotidienne*, Paris, Payot, 1973.

Quaireau C. (1995). « Les effets d'amorçage en mémoire : de l'activation aux mécanismes attentionnels », thèse de doctorat, université Rennes 2.

37. Comment expliquer l'oubli ?

Mémoire et indices de récupération

Bahrick H.P., Bahrick P.O. et Wittlinger R.P. (1973). « Fifty years of memory for names and faces : A cross-sectional approach », *Journal of Experimental Psychology*, *104*, 54-75.

Ebbinghaus H. (1964). *Memory : A Contribution to Experimental Psychology*, New York, Dover publications (édition allemande originale, 1885).

38. Est-ce qu'on radote vraiment avec l'âge ?

Mémoire épisodique et souvenir

Crovitz H.F. et Schiffmann H. (1974). « Frequency of episodic memories as a function of their age », *Bulletin of Psychonomic Society*, *4*, 517-518.

Lieury A. (2005). *Psychologie de la mémoire*, Paris, Dunod.

Ribot T. (1893). *Les maladies de la mémoire*, Paris, Armand Colin, 1re éd. 1881.

39. Quel est le secret des mémoires prodigieuses? Mémoire, dispositions biologiques et entraînement

LENHOFF H., WANG P., GREENBERG F. et BELLUGI U. (1998). «Le syndrome de Williams», *Pour La Science*, *244*, 78-83.

PANTEV C., OSTENVELD R., ENGELIEN A., ROSS B., ROBERTS L.E. et HOKE M. (1998). «Increased auditory cortical representation in musicians», *Nature*, *392*, 811-814.

40. Ça vous grattouille ou ça vous chatouille? Densité des points sensitifs en fonction des régions du corps

LIEURY A. (2011). *Psychologie cognitive*, Paris, Dunod, «Manuels visuels de Licence», 2e éd.

PURVES D., AUGUSTINE G.J., FITZPATRICK D. et HALL W.C. (2005). *Neurosciences*, Bruxelles, De Boeck.

ROSENZWEIG M.R., LEIMAN A.L. et BREEDLOVE S.M. (1998). *Psychobiologie*, Bruxelles, De Boeck Université.

41. Pourquoi des milliardaires peuvent-ils perdre un million au jeu? Stimulations physiques et sensations psychologiques

PIÉRON H. (1967). *La sensation*, Paris, PUF.

42. Pourquoi les aliments n'ont-ils plus de goût lorsqu'on est enrhumé? Goût et sensations gastronomiques

CHANDRASHEKAR J., HOON M.A., RIBA N.J.P. et ZUKER C.S. (2006). «Encoding taste qualities at the periphery», *Nature*, *444*, 288-294.

LIEURY A. (2011). *Psychologie cognitive*, Paris, Dunod, «Manuels visuels de Licence», 2e éd.

PURVES D., AUGUSTINE G.J., FITZPATRICK D. et HALL W.C. (2005). *Neurosciences*, Bruxelles, De Boeck.

43. Pourquoi mon chien a-t-il un meilleur odorat que le mien ?

Odorat et chimiorécepteurs

AXEL R. (1995). « De la molécule à l'odeur », Paris, *Pour La Science* (édition française du *Scientific American*).

CHASTRETTE M., ELMOUAFFEK A. et ZAKARYA D. (1986). « Étude statistique multidimensionnelle des similarités entre 24 notes utilisées en parfumerie », *Comptes rendus de l'Académie des sciences*, *303*, *13*, 1209-1214.

LABOWS J.N. et WYSOCKI C.J. (1984). « Individual differences in odor perception », *Perfumer an Flavorist*, *9*, 21-25.

44. Le parfum qui rend amoureux existe-t-il ?

Phéromones sexuelles et attraction

AMOORE J.E., PELOSI P. et FORRESTER L.J. (1977). « Specific anosmias to 5 alpha-andost-16-en-3 one and omega-penta-decalactone : The urinous and musky odors », *Chemical Senses and Flavor*, *2*, 401-425.

DOTY R.L. (1981). « Olfactory communications in humans », *Chemical Senses*, *6*, 351-376.

45. Pourquoi certains sons vous paraissent-ils harmonieux et d'autres totalement discordants ?

Ondes sonores et audition

MATRAS J.-J. (1961). *Le son*, Paris, PUF.

STEVENS S.S. et WARSHOFSKY F. (1966). *Le son et l'audition*, Time-Life.

46. Pourquoi la musique vous donne-t-elle envie de danser ? Oreille interne et mouvements ondulatoires

BEKESY G., VON (1957). « The ear », *Scientific American*.

GRIBENSKI A. (1964). *L'audition*, Paris, PUF.

STEVENS S.S. et WARSHOFSKY F. (1966). *Le son et l'audition*, Time-Life.

47. Pourquoi est-ce dangereux d'écouter la musique à plein tube ? Les effets physiologiques du bruit

RABINOWITZ J. (1992). « Les effets physiologiques du bruit », *La Recherche*, *22*, 178-187.

48. Pourquoi avons-nous le tournis ? Oreille interne et équilibre

LIEURY A. (2011). *Psychologie cognitive*, Paris, Dunod, « Manuels visuels de Licence », 2e éd.

PURVES D., AUGUSTINE G.J., FITZPATRICK D. et HALL W.C. (2005). *Neurosciences*, Bruxelles, De Boeck.

49. La lumière, qu'est-ce c'est ? Spectre lumineux et vision

HUBEL D. (1994). *Le cerveau et la vision*, Belin, « Pour La Science ».

LIEURY A. (2011). *Psychologie cognitive*, Paris, Dunod, « Manuels visuels de Licence », 2e éd.

50. Pourquoi devrions-nous voir à l'envers ? Globe oculaire et formation de l'image rétinienne

HUBEL D. (1994). *Le cerveau et la vision*, Belin, « Pour La Science ».

51. Pourquoi voit-on la vie en rose ?

La vision des couleurs

HUBEL D. (1994). *Le cerveau et la vision*, Belin, « Pour La Science ».

MUELLER C.G. et RUDOLPH M. (1966). *L'œil et la lumière*, Time-Life.

NATHANS J. (1989). « The genes of color vision », *Scientific American*, 28-35.

52. Deux appareils photos de millions de pixels !!!

Fovéa et acuité visuelle

NELSON W.W. et LOFTUS G. R (1980). « The functional visual field during picture viewing », *Journal of Experimental Psychology: Human Learning and Memory*, *6*, 391-399.

OVERTON W. et WIENER M. (1966). « Visual field position and word-recognition threshold », *Journal of Experimental Psychology*, *71*, 249-253.

53. Pourquoi votre enfant a-t-il tant de mal à trouver les œufs de Pâques ?

Exploration visuelle et construction des formes

LÉVY-SCHOEN A. (1967). « Les mouvements oculaires d'exploration », *L'Année psychologique*, *67*, 569-599.

NOTON D. et STARK L. (1971). « Eye movements and visual perception », *Scientific American*.

VURPILLOT E. (1974). « Le monde visuel des enfants », *La Recherche*, *43*.

54. Pourquoi la lecture ne peut-elle être globale ?

Saccades oculaires et lecture

O'REAGAN K. et LÉVY-SCHOEN A. (1978). « Les mouvements des yeux au cours de la lecture », *L'Année Psychologique*, *78*, 459-492.

Jamet E. (2008). *La compréhension des documents multimédias : de la cognition à la conception*, Marseille, Solal éditeur.

55. Où est passée… la 25e image ? Perception subliminale et influence

Droulers O. (1996). « Réalité et efficacité des stimulations subliminales en marketing », thèse de doctorat en Sciences de gestion, université Rennes-1.

Fraisse P. (1968). « L'intégration et le masquage de lettres présentées en succession rapide », *L'Année Psychologique*, *68*, 321-345.

Fraisse P. (1992). *Des mots et des choses*, PUF, collection « Le Psychologue ».

Myers G. (1997). *Psychologie*, Paris, Flammarion.

56. Pourquoi les objets éloignés paraissent-ils plus petits ? Loi optique de la perspective…

Gregory R.L. (1966). *L'œil et le cerveau*, Paris, Hachette.

Hubel D. (1994). *Le cerveau et la vision*, Belin, « Pour La Science ».

Ittelson W.H. et Kilpatrick F.P. (1951). « Experiments in perception », *Scientific American*, 65-76.

57. Un ticket pour l'espace ? La perception en 3D…

Georgieva S. et al. (2009). « The processing of three-dimensional shape from disparity in the human brain », *The Journal of Neuroscience*, *29*, *3*, 727-742.

Hubel D. (1994). *Le cerveau et la vision*, Belin, « Pour La Science ».

Pettigrew J.D. (1972). « The neurophysiology of binocular vision », *Scientific American*.

58. Télépathie, télékinésie... avez-vous des pouvoirs paranormaux? Psychologie scientifique et parapsychologie

AUGIER S. (2000). «Pourquoi-Comment», dossier Paranormal, émission télévisée, FR3, MIP, mai.

BROGNIART D. (2005). «Les plus grands secrets de la magie... enfin révélés», émission télévisée, M6, Les productions du Labrador, octobre.

LANGEVIN P., RABAUD E., LAUGIER H., MARCELIN A. et MEYERSON I. (1923). «Rapport au sujet des phénomènes produits par le médium J. Guzik», *L'Année Psychologique*, 664-672.

PAROT F. (1994). «Le bannissement des esprits: Naissance d'une frontière institutionnelle entre spiritisme et psychologie», *Revue de synthèse*, *3-4*, 417-443.

ZÉTÉTIQUE, site Internet démystifiant un certain nombre de croyances ou supercheries, (www.zetetique.ldh.org/).

59. D'où vient le décalage horaire? L'horloge biologique

DENIS P. (1992). «Neuropeptides et œil», dans Y. CHRISTEN et al. (eds.), *Neurobiologie de la rétine, Les séminaires ophtalmologiques d'IPSEN*, tome IV, Paris, Elsevier, p. 19-35.

FRAISSE P., SIFFRE M., OLÉRON G. et ZUILI N. (1968). «Le rythme veille-sommeil et l'estimation du temps», *Cycles biologiques et psychiatrie*, symposium Bel-Air, Paris, Masson, p. 257-265.

JOUVET M. (1995). «Structures et mécanismes responsables du cycle veille-sommeil», *Encyclopedia Universalis* (site Internet ura1195-6.univ-lyon1.fr).

60. Savez-vous que le sommeil a plusieurs phases? Neurobiologie du sommeil

VALATX J.L. (1998). «Sommeils et insomnies», *Pour la Science*, *243*, 80-87.

61. Est-il vrai qu'on apprend mieux en dormant ? Chronopsychologie et apprentissage

BOUJON C. et QUAIREAU C. (1997). *Attention et réussite scolaire*, Dunod.

LECOMTE P. et LAMBERT C. (1991). *La chronopsychologie*, Paris, PUF.

62. Vive la sieste !!! Est-on également vigilant toute la journée ? Vigilance et rythmes scolaires

LECOMTE P. et LAMBERT C. (1991). *La chronopsychologie*, Paris, PUF.

TESTU F. (1991). *Chronopsychologie et rythmes scolaires*, Paris, Masson.

63. Pourquoi conduite automobile et alcool ne font-ils pas bon ménage ? Effets des psychotropes sur la vigilance

WILLUMEIT H.P., OTT H. et KUSCHEL C. (1993). « Driving performance models : Comparison of a tracking simulator and an over-the-road test in relation to drug intake », in I. HINDMARCH et P.D. STONIER (eds.), *Human Psychopharmacology*, *9*, p. 142-164, Chichester, New York, John Wiley & Sons.

64. Comment arrive-t-on à se parler dans une fête ? L'attention sélective

CHERRY E.C. (1953). « Some experiments on the recognition of speech, with one and with two ears », *Journal of the Acoustical Society of America*, *25*, 975-979.

KNIGHT M.V. et PARKINSON S.R. (1975). « Stimulus set and response set : Influence of instructions on stimulus suffix effects in dichotic memory », *Journal of Expérimental Psychology : Human Learning and Memory*, *104*, 408-414.

NORMAN D. (1968). « Toward a theory of memory and attention », *Psychological Review*, *75*, 522-536.

65. Pourquoi ne devez-vous pas téléphoner en conduisant ? L'attention divisée

BOUJON C. et QUAIREAU C. (1997). *Attention et réussite scolaire*, Paris, Dunod.

LIEURY A., ROBERT M. et CASTELL J.F. (1990). « Mémorisation de messages sonores ou visuels et concurrence cognitive », rapport technique pour le CCETT de Rennes.

REED M.P. et GREEN P.A. (1999). « Comparison of driving performance on-road and in a low-cost simulator using a concurrent telephone dialling task », *Egonomics*, *42*, 1015-1037.

66. « Moi, j'apprends en écoutant la télé… ça m'aide à me concentrer ! » L'attention divisée à l'école

BOUJON C. et QUAIREAU C. (1997). *Attention et réussite scolaire*, Paris, Dunod.

67. Le multitâche avec les médias améliore-t-il l'attention ? L'attention divisée chez les « multitaskers »

GORLICK A. (2009). *Media Multitaskers Pay Mental Price*, Stanford University News.

LACHAUX J.-P. (2011). *Le cerveau attentif*, Paris, Odile Jacob.

68. Où se trouve votre inconscient ? Cerveau droit et cerveau gauche

GAZZANIGA M. (1976). *Le cerveau dédoublé*, Bruxelles, Mardaga.

SPERRY R.W. (1964). « The great cerebral commissure », *Scientific American*.

69. « L'œil était dans la tombe... » Qu'est-ce que la conscience ?

Conscience historique et conscience exécutive

Moscovitch M. (1992). « Memory and working-with-memory : A component process model based on modules and central systems », *Journal of Cognitive Neuroscience*, *4*, 257-267.

Posner M.I. (1990). « The attention system of the human brain », *Annual Review of Neurosciences*, *13*, 25-42.

Tulving E. (1985). « Memory and consciousness », *Canadian Psychology - Psychologie Canadienne*, *26*, 1-12.

70. Faim, soif, attirance sexuelle... d'où viennent vos instincts ?

Besoins biologiques et apprentissages sociaux

Tinbergen N. (1966). *Le comportement animal*, Time-Life.

71. Comment expliquer le mystère des migrations d'oiseaux ?

Composantes innées et apprises des instincts

Dorst J. (1956). *Les migrations d'oiseaux*, Paris, Payot.

Emlen S.T. (1972). « L'énigme des oiseaux migrateurs », *Psychologie*, *34*.

72. Qu'est-ce qui déclenche nos motivations ?

Neurobiologie des motivations

Olds J. (1956). « Pleasure centers in the brain », *Scientific American*.

Panksepp J. (1989). « Les circuits des émotions », *Science et Vie*, *168*, hors série « Les émotions », 58-67.

73. Savez-vous que vous avez un 3e œil ?

L'influence du Soleil dans la biologie des motivations

DORST J. (1956). *Les migrations d'oiseaux*, Paris, Payot.

74. Pourquoi les vendeurs de certains magasins se précipitent-ils pour vous aider (et pas dans d'autres) ?

La loi du renforcement…

FENOUILLET F. (2012). *La motivation*, Dunod, « Les Topos », 2e éd.

LIEURY A. et FENOUILLET F. (2006). *Motivation et réussite scolaire*, Dunod, 2e éd.

VALLERAND R.J. et THILL E. (1993). *Introduction à la psychologie de la motivation*, Québec, Vigot.

75. Énervé, coincé, frustré, dégoûté ?

La résignation acquise

LIEURY A. et FENOUILLET F. (2006). *Motivation et réussite scolaire*, Dunod, 2e éd.

MAIER S.F. et SELIGMAN M. (1976). « Learned helplessness : Theory and evidence », *Journal of Experimental Psychology*, *105*, 3-46.

OVERMIER B. et BLANCHETEAU M. (1987). « La résignation acquise », *L'Année Psychologique*, *87*, 73-92.

76. Pourquoi veut-on toujours plus ?

Anticipation et auto-efficacité

BANDURA A. et CERVONE D. (1983). « Self-evaluative and self-efficacity mechanisms governing the motivational effects of goal systems », *Journal of Personality and Social Psychology*, *45*, 1017-1028.

FENOUILLET F. (2012). *La motivation*, Dunod, « Les Topos », 2e éd.

77. Dis-moi à quoi tu joues et je te dirai qui tu es... Besoins d'estime et d'autodétermination

FENOUILLET F. (2012). *La motivation*, Dunod, «Les Topos», 2e éd.

LIEURY A. et FENOUILLET F. (2006). *Motivation et réussite scolaire*, Dunod, 2e éd.

78. Le dicton «Ventre affamé n'a pas d'oreilles» est-il juste? La hiérarchie des motivations

FENOUILLET F. (2012). *La motivation*, Dunod, «Les Topos», 2e éd.

LIEURY A. et FENOUILLET F. (2006). *Motivation et réussite scolaire*, Dunod, 2e éd.

MASLOW A.H. (1943). «A theory of human motivation», *Psychological Review*, *50*, 370-396.

79. Pourquoi ressentez-vous des émotions? Psychobiologie des émotions

IZARD C.E., LIBERO D.Z., PUTNAM P. et HAYNES O.M. (1993). «Stability of emotions experiences and their relations to traits of personnality», *Journal of Personality and Social Psychology*, *64*, 847-860.

PANKSEPP J. (1977). «Toward a general psychobiological theory of emotions», *The Behavioral and Brain Sciences*, *5*, 407-467.

80. Qu'est-ce qui vous fait plaisir ou qui vous énerve? Les 4 grands circuits des émotions

KARLI P. (1971). «Les conduites agressives», *La Recherche*, *18*.

PANKSEPP J. (1977). «Toward a general psychobiological theory of emotions», *The Behavioral and Brain Sciences*, *5*, 407-467.

PANKSEPP J. (1989). «Les circuits des émotions», *Science et Vie*, *168*, hors série «Les émotions», 58-67.

81. Qu'est-ce qui vous fait peur ou pleurer ?
Neurobiologie et biochimie des émotions

PANKSEPP J. (1977). « Toward a general psychobiological theory of emotions », *The Behavioral and Brain Sciences*, *5*, 407-467.

PANKSEPP J. (1989). « Les circuits des émotions », *Science et Vie*, *168*, hors série « Les émotions », 58-67.

82. Vos émotions sont-elles instinctives ?
Les modèles sociaux de réponses

OATLEY K. et JENKINS J. (1996). *Understanding Emotions*, Cambridge, Blackwell Publishers.

SCHACHTER S. et SINGER J.E. (1962). « Cognitive, social and physiological determinants of emotional states », *Psychological Review*, *69*, 379-399.

SINGER J.L. et SINGER D.G. (1981). *Television, Imagination and Agression*, Hillsdale, Lawrence Erlbaum Associates.

83. Qui déclenche l'autre : sentiment ou réaction physiologique ?
Vitesse des réponses nerveuses et hormonales

BENTUE-FERRER D., REYMANN J.M. et ALLAIN H. (1994). « Aspects biologiques du stress », document du Laboratoire de pharmacologie expérimentale et clinique, Rennes, faculté de Médecine.

MORMÈDE P. (1989). « Les hormones des émotions », *Science et Vie*, *168*, hors série « Les émotions », 43-49.

84. Est-il vrai qu'un grand malheur peut vous rendre malade ? Le stress : système d'urgence

DIXON B. (1989). *Le corps humain*, Paris, France Loisirs.

85. « Le cœur a ses raisons que la raison ignore... »

Émotion et raison

Damasio A. (1995). *L'erreur de Descartes*, Paris, Odile Jacob.

86. J.-F. autoritaire cherche J.H. timide... Qu'est-ce que la personnalité ?

Les 5 grands facteurs de la personnalité

Bernaud J.L. (2008). *Les méthodes d'évaluation de la personnalité*, Dunod, « Les Topos », 2e éd.

Borkenau P. et Ostendorf F. (1989). « Descriptive consistency and social desirability in self and peer reports », *European Journal of Personality*, *3*, 31-45.

Huteau M. (2006). *Psychologie différentielle: cours et exercices*, Dunod, 3e édition.

Johnson J.A. (1994). « Clarification of factor five with the help of the AB5C Model », *European Journal of Personality*, *8*, 311-334.

Mc Crae R.R. (1994). « Openness to experience : Expanding to the boudaries of factor V », *European Journal of Personality*, *8*, 251-272.

87. Sentimental, chaleureux, discipliné... comment expliquer la variété des facettes de la personnalité ?

Les 5 grands facteurs de la personnalité et leurs interactions

Huteau M. (2006). *Psychologie différentielle : cours et exercices*, Dunod, 3e édition.

Johnson J.A. (1994). « Clarification of factor five with the help of the AB5C Model », *European Journal of Personality*, *8*, 311-334.

Lieury A. (2011). *Psychologie cognitive*, Paris, Dunod, « Manuels visuels de Licence », 2e éd.

MC CRAE R.R. (1994). « Openness to experience : Expanding to the boundaries of factor V », *European Journal of Personality*, *8*, 251-272.

88. La graphologie est-elle un bon test de recrutement ?

La validité de la graphologie comme test de recrutement

HUTEAU M. (2004). *Écriture et personnalité : Approche critique de la graphologie*, Dunod.

89. Peut-on lire votre caractère dans votre écriture ?

Corrélation entre écriture et personnalité

HUTEAU M. (2004). *Écriture et personnalité : Approche critique de la graphologie*, Dunod.

90. Les signes du zodiaque peuvent-ils prédire votre caractère ?

Corrélations entre vrais et faux jumeaux

BROCH H. (2005). *Au cœur de l'extra-ordinaire*, éditions book-e-book.com (voir aussi le site de Broch, www.zetetique.ldh.org/).

HUTEAU M. (2006). *Psychologie différentielle : cours et exercices*, Dunod, 3e édition.

LIEURY A. (2011). *Psychologie cognitive*, Paris, Dunod, « Manuels visuels de Licence », 2e éd.

Index des auteurs

Index des notions

P

Q

R

S

T

V

Z

57694 - (I) - (2,8) - OSB 80° - PMS 2597 - PCA - CDD

Achevé d'imprimer sur les presses de
Snel
Z.I. des Hauts-Sarts - Zone 3
Rue Fond des Fourches 21 – B-4041 Vottem (Herstal)
Tél +32(0)4 344 65 60 - Fax +32(0)4 286 99 61
Mars 2012 – 57396

Dépôt légal : avril 2012

Imprimé en Belgique